快乐园艺

吉祥花草

陈 菲 编著

Jixiang Huacao

U0351053

农村读物出版社

CONTENTS
目 录

Part 1

吉祥花草，时尚的开运金钥匙

没听说过吉祥花草吗？

那么你out啦！

花草也有大大的潜在能量，

能为你的爱家调和风水，

带给你的生活平安护佑。

拈花惹草，祈福纳祥，

为自己轻松打造，

一把时尚的开运金钥匙。

吉祥文化，中国人心中的慰藉

　　谈到中国人的吉祥文化，恐怕还得先从"吉祥"二字说起。所谓"吉祥"，就是"吉利"与"祥和"，也就是好福气的意思。古人云：吉者，福善之事；祥者，嘉庆之征。而《说文解字》中解说得更加直白："吉，善也。""祥，福也。"

　　在中国，吉祥符号几乎无处不在，无人不用。吉祥对于中国人而言，就像水之于鱼，天空之于鸟，空气之于人。似乎没有人说得清，中国的吉祥文化产生于何时，源自哪里。唯一可以肯定的是，当人们有了追求幸福、美好、平安的愿望时，它们便被创造出来，而且是通过各种手段和形式，遍及生活的各个方面。春种秋收、娶妻生子、祝寿延年、开市营业、科考应试、提拔晋职、乔迁新居等等与人生有关的大事，都包含有吉祥文化。因此，了解了吉祥文化，也就了解了中国文化和中国人很重要的一面。

　　"去年元夜时，花市灯如昼。"在中国，灯笼是一个被运用得最为广泛的吉祥符号。"灯"与"丁"语音相近，意味着人丁兴旺。"开灯"象征着前途光明，而"张灯结彩"表达的则是国泰民安的景象。

　　龙灯狮舞，是深受中国人喜爱的迎春方式。不论南方还是北方，不论城市还是乡村，这种既热闹又壮观的浩荡场面都十分常见。在中国人的观念中，龙代表着天和自然之威，是保佑人间平安的神，值得敬畏、供奉。而传说狮子是天龙九子之一，专司守门及辟邪驱魔之职，因此舞狮便有辟邪之用。

猪的模样憨态可掬、温良敦厚，是藏在家中的财宝，这从"家"字的构成即可明了。因此，猪是传送财富的使者，金猪拱门，象征着富贵临门。唐朝，若有进士升任了将相，就要请同科的书法家用"朱书"题名于雁塔。"猪"与"朱"同音，"蹄"与"题"音谐，于是猪又成了"朱笔题名"的吉祥物。

"心心复心心，结爱务在深。一度欲离别，千回结衣襟。"中国结是中国特有的民间手工编结装饰品，始于上古先民的结绳记事。东汉郑玄在《周易注》中道："结绳为约，事大，大结其绳，事小，小结其绳。"它作为一种装饰艺术始于唐宋。到了明清时期，人们开始给结命名，为它赋予了更加丰富的内涵，比如：方胜结表示着方胜平安；如意结代表吉祥如意；双鱼结是吉庆有余的缩写等等。

随着家居复古风的盛行，近些年来，传统家具也开始在消费市场上大行其道了。传统家具的魅力不仅在于其考究的材质，严谨的结构，还在于匠人们对于家具的用心——以其丰富多样的雕刻图案赋予家具以美感。明清时期是中国吉祥文化鼎盛时期，于是在明清家具上所雕刻的图案纹样，无论是人物故事、花鸟虫兽，还是回纹、拐子、草勾等几何纹样几乎都具有吉祥含义。

每当一年一度的新春佳节来临，中国的百姓们就开始快乐地忙碌起来。喜人的红袄穿起来，红红的春联贴起来，大大的福字挂起来，火火的鞭炮响起来，而这每一种行为，都与一种期盼关联，那就是祝愿来年平安、吉祥、富贵。

……

如上所述，五花八门林林总总，包含着吉祥图案、吉祥符号、吉祥物的中国

吉祥文化，是从远古时代先民们对自然和生命的崇拜、信仰中传承、演变而来的。心有期盼，就会有所敬畏，心有期盼，故而祈福纳祥。在漫长的岁月里，先民们巧妙地运用人物、走兽、花鸟、日月星辰、风雨雷电、文字等等，通过借喻、比拟、双关、谐音、象征等诸多手法，来表达自己对吉祥美好生活的向往。透过这一个个的符号、纹饰、图案，可以看到中国人的生命意识、审美趣味、宗教情怀和民族性格。有人形容说，中国人的吉祥文化就像一本生动、鲜活、充满趣味的民间童话集。它让我们的心中，时常充满温馨的慰藉，它让我们的生活，永远都有吉祥的护佑。

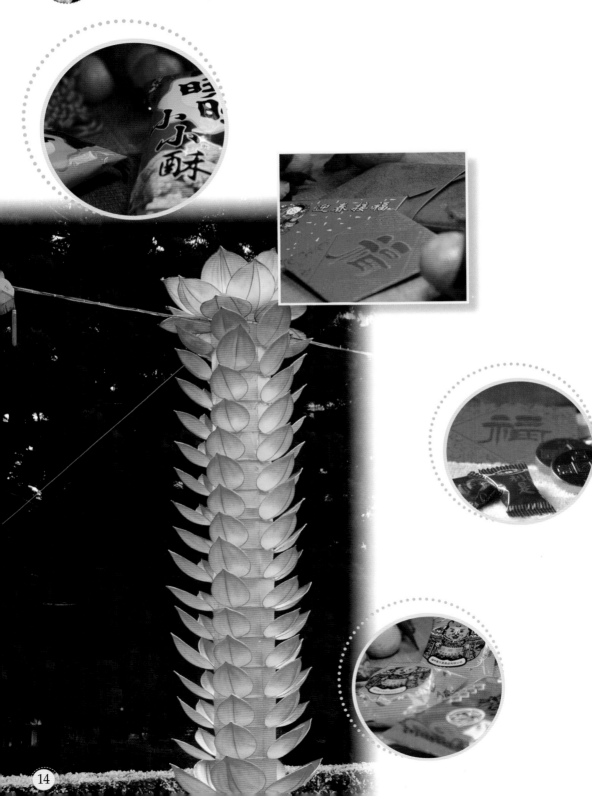

让花草给我们带来吉祥好运

　　每到逢年过节的热闹日子里，无论对于花草园艺痴迷与否的你倘若到当地的花市去走上一遭，定会遇到许多花商迎上来无比殷勤地献卖，这是富贵竹，那是黄金莲，这是幸福树，那是长寿花，如此云云。或许你要讶异于这些看似普普通通的花草何以个个都有着讨人欢心的好名字，那么这就是我要和你们详细道来的"吉祥植物"的话题了。

　　所谓的吉祥植物，当然也就是包涵吉祥寓意的花草植物。在传统文化积淀深厚的中国，吉祥的概念可谓源远流长，可喜的是，这个颇具古典气息的文化符号传承至今，非但没有老去，反而在现代社会里因被注入了几多时尚元素的新鲜血液，进而重新焕发出迷人的青春光彩来。

小贴士

开运花草家居布置攻略

多种阳性植物：

向日葵、玫瑰、非洲菊……这类开花植物，均需要良好且充足的光线、水分、空气，才能展现盎然生机。而每天所处的居家，当然也需要这样的环境。因此若以风水理论来说，虽然植物属阴，但花乃植物精华，是植物生理期的顶峰，因此开花时可转阴为阳。平时可多种这类阳性植物，或在其开花时摆设于屋内，可以帮我们的"阳宅"多补充点阳气。

当然，这并不代表没开花的植物就不能种了。在植物枝叶上或盆栽旁加上红丝带、红色饰品，或红色系的图画，不仅色彩对比显得炫目艳丽，风水上也表示能以木生火、以火克木。

善用色彩能量：

依照风水说法，红色代表喜气、热情、大胆进取，主官气；黄色一向被用来代表财富，主财气；白色主避邪。因此，黄色与红色是最具财运魅力的色彩，如果想要再多求点财运，不妨多选择海芋、荷包花、文心兰、虎头兰等黄色花开。而红色植物像火鹤、红竹等，若摆在入门对角的财位，则具有极佳的招财功效。其他如粉、金、紫等色系也都相当受人喜爱。

搭配五行特性：

五行是金、木、水、火、土，而植物依其色彩和生长特性，也有五行之分。像黄色系花卉，以及植物名中有"金"字的植物皆属金，如黄金葛、水仙、郁金香等；以观叶类及种子植物为主要代表的绿色植物皆属木，如竹柏、绿宝石、马拉巴栗等；水生或水培植物为水的代表，如开运竹、睡莲、铜钱草等；红色花卉或有橘红色果子的植物属火，如火鹤、仙客来、胡萝卜、南瓜、万两金等；叶片肥厚、耐阴性强的植物属土，如石莲花、金钱树等。因此，在风水命理上，依此分类可以找到最合适的植物来搭配。

盆器、配饰添喜气：

除了植物本身，一个和环境搭配协调的盆器，或植物上装点的喜气饰物，也都是有助招来好运的物件。可和植物、空间及开运需求做搭配的，如绘图、刻字的古典陶瓷器，是常见的开运盆器。另外，也不妨挑选各式金色、红色等代表阳性的饰物，可让绿色植物变出一身喜气，红绿相互辉映，具有阴阳调和之意。

如意、吉祥、幸福、安康，是我们心中对生活、对未来恒久的希冀。

或许有人要说，这种借由花花草草而衍生出来的吉祥概念，其实是生活实用主义的一种表现。但这么做似乎也没有什么坏处，当我们为了生活而付出勤勉和努力之余，还希望冥冥之中有另一种力量可以改变命运和境遇，这种想法，应该无可厚非。

遥远而空幻的念想也罢，现实而具象的花草也罢，至少，它可以成为我们心中的慰藉，如若沙漠瀚海中一片生命的绿洲，如若寒冷冬夜里一盏温暖的明灯，也如若平淡岁月中一个永恒的传奇。

开运花草养护技巧

花草养护速成课堂：光照

光照是花卉植物生存的必需条件，它促进叶绿素的形成，是营养物质的能源，没有光的存在，光合作用就不能进行，也就没有绿色植物。光照的多少，可以决定植物生长和发育的速度，不同种类的花卉对于光照的要求是不同的。按照花卉对光照强度不同的要求，大体上可将花卉分为阳性花卉、中性花卉、阴性花卉及强阴性花卉。

○ 阳性花卉。栽培中需要充足的光照，如阳光不足，则易造成枝叶徒长，组织柔软细弱，叶色变淡发黄，不易开花或开花不良，易遭病虫危害。大部分观花、观果花卉都属于阳性花卉，多数水生花卉、仙人掌与多肉植物也属阳性花卉，如玉兰、木棉、梅花、海棠、荷花、金琥等。

○ 中性花卉。在阳光充足的条件下生长良好，但夏季光照强度大时需要遮阴栽培，如扶桑、桂花、茉莉、朱顶红、八仙花等。

○ 阴性花卉。在北方夏季需要遮阴，在南方需全年遮阴栽培的花卉，如文竹、杜鹃、绿萝、万年青及君子兰等，如长期处于强光照射下则枝叶枯黄，生长停滞，严重的甚至死亡。大部分观叶花卉都属于阴性或强阴性花卉。

○ 强阴性花卉。在南、北方需全年遮阴栽培的花卉，如肾蕨、绿萝等。

花草养护速成课堂：水分

○ 盆花浇水的基本原则

盆花浇水量的确定，一方面应根据每种花卉自身的生态习性，另一方面也要考虑培养土的成分、天气状况、植株大小、生长发育阶段、花盆大小、放置地点等因素，经过综合考虑后确定浇水次数和浇水量。

一般情况下，湿生花卉多浇，旱生花卉少浇；草本花卉多浇，木本花卉少浇；天热多浇，天冷少浇；旱天多浇，阴天少浇；叶片大而柔软、光滑无毛的多浇，叶片小而有蜡质层、茸毛、革质的少浇；生长旺盛期多浇，休眠期少浇；苗大盆小的多浇，苗小盆大的少浇。

一年四季的供水量大体是：每年春回大地气温逐渐升高后，花卉逐渐进入生长旺期，浇水量应逐渐增多，春季浇水宜在午前进行；夏季气温高，花卉生长旺盛，蒸腾作用强，浇水应充足些，浇水时间以清晨和傍晚为宜；立秋后气温渐低，花卉生长缓慢，应适当少浇水；冬季气温低，多种花卉进入休眠或半休眠期，要控制浇水，盆土不太干就不要浇水，否则最易烂根、落叶，影响来年生长发育，冬季浇水宜在午后1～2时进行。

○ "见干见湿"和"不干不浇，浇必浇透"

因为每种花卉在原产地所形成的生态习性不同，因而对水分的需求量有所差异，所以对水生、湿生、中性、半耐旱和耐旱的各类花卉浇水时不能千篇一律。换句话说，就是对每一类花卉浇水必须根据其生长习性区别对待，做到科学浇水。养花行家总结的给盆花浇水要掌握"见干见湿"的原则，主要适用于目前一般家庭所莳养的中性花卉，这类花卉在家居盆栽中所占数量最大。所谓"见干"，是指浇过一次水后等到土面发白，表层土壤干了，再浇第二次水，绝不能等盆土全部干了才浇水。所谓"见湿"，是指每次浇水时都要浇透，即浇到盆底排水孔有水渗出为止，但不能浇"半截水"（即上湿下干），因为一盆生长旺盛的花卉其根系大多集中于盆底，浇"半截水"实际上等于没浇水。采用"见干见湿"方法浇水，既满足了这类花卉生长所需要的水分，又保证根部呼吸作用所需要的氧气，有利花卉健壮生长。

"不干不浇，浇必浇透"，其道理与"见干见湿"基本相同。所谓"不干不浇"，即等盆土表层全部干了再浇水，目的是使两次浇水之间有个间隔时间，使土壤中有充足的氧气供根部吸收，并不是要等到土壤完全干了才浇水。"浇透"和"见湿"的意思完全一样。这种浇水方法主要适用于半耐旱花卉。此外，对于耐旱花卉，浇水应掌握"宁干勿湿"的原则。对于湿性花卉，浇水应掌握"宁湿勿干"的原则。

花草养护速成课堂：肥料

肥料可改善土壤性质，提高土壤肥力，可提供一种至多种植物必需的营养元素，可分为无机肥料、有机肥料两大类。

有机肥是动、植物残体经腐烂发酵沤制而成，有机肥为完全性肥料，不仅含有植物所需的氮、磷、钾等大量元素，也含有植物所需的钼、锌、铁、铜等微量元素。有机肥为缓释性肥料。建议直接从花市上购买成品，物美价廉，也有利于家居及社区环境的清洁卫生。

无机肥主要指化学肥料，如常见的氮肥有尿素、硫酸铵，磷肥有过磷酸钙、磷矿粉，钾肥有氯化钾、硫酸钾，还有复合肥，如磷酸二氢钾、磷酸二铵等。无机肥属速效性肥料。

对于大部分的观花、观果型开运花草来说，施肥是日常栽培管理中不可或缺的内容。盆栽买回后，建议等1～2周让植物适应环境后再施肥，并注意产品标示和说明，才能达到帮助开花结果的效果。

花草养护速成课堂：造型

○ 株型要正：在购买盆花时，如不是特殊造型的，通常要选择枝干挺直、枝叶匀称的。

○ 经常转盆：有些花木趋光性很强，花木会向着光线的地方生长，时间长了枝叶偏向一边，影响观赏。可定期（如每隔1～2周）将花盆转向，让枝叶均匀生长。

○ 合理修剪：对于一些适于修剪的花木，当株型影响观赏时，应有选择地修剪，以抑强扶弱，修剪时注意整体效果，并尽量让新芽向着有空隙的地方生长。

Part2

幸福像花儿一样

福禄寿喜，财源滚滚，

爱情甜蜜，多子多福，

金榜题名，步步高升，

防范小人，避邪镇宅。

神奇的吉祥花草，

会让满满当当的幸福，

像花儿一样，

在你身边悄然绽放。

恭迎财神到你家

牡丹

养护难度指数：★★★

■ 花语：圆满、浓情、富贵。

■ 花寓意：花开富贵、财源茂盛。

牡丹为毛茛科芍药属灌木，我国传统的十大名花之一。在我国享有着几近于国花的至尊地位的牡丹，有着"富贵花"和"百两金"的别名，此外，它的花语为"花开富贵"，也是妇孺皆知。

以雍容华贵而著称的牡丹，其图案作为中华民族传统的装饰语言，象征和寓意更是无比丰富。比方说牡丹与石头或梅花组成的图案寓意"长命富贵"；鹭鸶与牡丹象征"一路富贵"；白头翁（鸟）与牡丹象征着"长寿富贵"或"富贵姻缘"；牡丹、玉兰绘在一起，象征"玉堂富贵"即"富贵之家"之意；牡丹、海棠绘在一起，寓意"满堂富贵"，即老少同贵；牡丹与鱼绘于一图案中，即"富贵有余"；牡丹图案周围饰月季、长春草等，象征"富贵长春"；而瓶（平）插牡丹（富贵）其意则表示："富贵平安"。

牡丹可于庭院中孤植、丛植及片植，园艺观赏效果极佳，观花期也可在客厅中摆放牡丹盆栽。另外，朋友新店开张或公司开业，也可以牡丹盆栽赠送以表祝贺，寓意"开业大吉，生意兴隆，财源茂盛"。

发财树

养护难度指数：★★★

- 花语：发财、财源滚滚、生命力旺盛。
- 花寓意：象征财源滚滚。

大家都很熟悉的所谓"发财树"，又名巴栗树，为木棉科瓜栗属常绿乔木。发财树经过加工和造型后株型比较奇特，茎基部圆而肥大，如同酒瓶，茎上端渐细，并互相缠绕，编成辫子状，顶端长满许多狭长的翠叶，车轮般地辐射平展，富有自然美。因为俗名叫做"发财树"，且花语为"发财、财源滚滚、生命力旺盛"，它当然拥有着不同凡响的发财、生财的吉祥寓意，因而在花市上一直很时尚热卖。格外有趣的是，它的茎干扭曲编结成辫状造型，还有着扭转乾坤的特殊含义，而编结的数目通常为6或8，则是暗合了"六合聚财"、"八仙运财"的寓意。因为树姿优雅，发财树成为室内观赏植物中的佼佼者。除了迷你型的小盆栽，1米以上的落地大盆栽更为常见，且更受欢迎，显得气势凛凛，好似请了一位吉星财神坐镇家中。

日常可在客厅中摆放发财树盆栽。也可以将它赠送生意场上的朋友，祝贺朋友新店开张或公司开业亦尤为合适，寓意"开业大吉，生意兴隆，财源茂盛"。

金钱树

养护难度指数：★ ★ ★

- 花语：招财进宝、荣华富贵，信任、专情、有福。
- 守护星座：金牛座，勤俭持家，生财有道的金牛，配上珠圆玉润的金钱树一定会财源滚滚而来。
- 花之星占：金钱树可增加你的金钱运，并带给你爱情的力量。
- 花寓意：钱水沾露，辟邪发财。

金钱树又名雪铁芋，为天南星科雪铁芋属多年生常绿草本植物。它于1997年从荷兰引进，在1999年昆明世界园艺博览会上精彩亮相的时候，人们还不清楚它姓甚名谁，于是就根据它的外表形态特征将它命名为"金钱树"、"金币树"。因为它的圆筒形叶轴粗壮而肥腴，其上的小叶呈偶数羽状排列，且叶质厚实、叶色光亮，宛若一挂串联起来的钱币；以树命名，则主要是因其叶轴直立硕壮，从外表看有木本植物的质感。因为名字讨人喜欢，有好的寓意，它和大家都很熟知的发财树、金橘被并称为"发财三杰"。

"钱水沾露，辟邪发财"，是许多生意场上的经商人士赋予金钱树的吉祥寓意。它不仅叶片形状酷似钱币，且枝干流线型，有如护身弯刀，地下块茎则状如山芋，呈现出持稳之相。因此，成为生意人眼中既能"纳财"又能"挡厄"的一柄双锋利剑。

日常可在客厅中摆放金钱树盆栽。也可以将它赠送生意场上的朋友，祝贺朋友新店开张或公司开业亦尤为合适，寓意"开业大吉，生意兴隆，财源茂盛"。

银柳

养护难度指数：★★★

- **花语：** 生命光辉、银元滚滚而来。
- **花寓意：** 祈愿财神进门、银两滚进、"银留"家中，成束摆放，象征银元丰盛、一本万利。

银柳，为杨柳科落叶灌木，相信很多人都见过却叫不出它的名字。它的花比较奇特，每年初冬出现花芽，逐渐脱去棕色苞片，然后露出花蕾，像毛笔头那样洁白如绢且银光闪烁。春节过后其绒芽抽长，随即先于叶开花，像一朵朵绒球，散发出阵阵清香。

"立骨沁兰宫，斑斓笑朔风。携谁傲冰雪，翠笔绽绢绒。"在古典诗词中形象溢美的银柳之所以成为招财植物，主要是因其与"银留"谐音。因此，它能助你守财。银柳现在可算是中国人年节必备的吉祥年宵花，不仅在国内，甚至在海外，只要有华人居住的地方，都不难见到这种祈愿财神进门、银两滚进、"银留"家中的年宵花。

银柳银白色的花苞闪亮动人，成束摆放，如银两满屋，有"银元丰盛、一本万利"的寓意；它先花后叶，花谢后嫩绿的叶芽方才伸展而出，又有生机长青、好运连年之意；此外，银柳的白绒花序状似毛笔，因此也有助文采功名、登科晋爵的含义；加上其笔直的枝干呈现出宝剑的利落优雅之势，在国人的传统家居风水观念里还有着避邪祛煞的神奇效力。

银柳可于庭院中地栽，春节期间也可在客厅中摆放盆栽或水插观赏。采用水插的花艺作品不仅方法简易、美观大方，而且有水有银，更具招财、守财意味。

猪笼草

养护难度指数：★ ★ ★ ★

■ 花语：财运亨通、财源广进。

■ 花寓意：猪笼入水，财源广进。

猪笼草是一种著名的热带食虫植物，原产于印度洋群岛、印度尼西亚等潮湿热带森林里。它拥有一个独特的吸取营养的器官——捕虫笼，捕虫笼呈圆筒形，下半部稍膨大，笼口上具有盖子，因为形状像猪笼，故称猪笼草。在海南省又被称作雷公壶，意指它像酒壶。因为原产地土壤贫瘠，猪笼草只好通过捕捉昆虫等小动物这种特殊的方式来补充营养。

那么猪笼草是怎样捕虫的呢？猪笼草的叶笼颜色鲜艳，笼口分布着蜜腺，散发芳香，以"色"和"香"引诱昆虫。当昆虫进入笼口后，其内壁非常光滑，昆虫就会滑跌在笼底。而笼底充满着内壁细胞分泌的弱酸性消化液，昆虫一旦落入笼底，就会被消化液淹溺而死，并慢慢被消化液分解，最终变成猪笼草生长所需的营养物质。

粤谚当中有"猪笼入水——银纸使吾晒（钱多到花不完）"、"猪笼入水，招财进宝"的说法，实际上是广东人常用的吉祥语。当竹篾制成的猪笼放到水里时，四周的水都向猪笼里灌，那就是"猪笼入水"，通常用来形容一个人财路亨通，财富从四面八方滚滚而来。因此，猪笼草又有猪仔笼、担水桶、招财进宝、袋袋平安之类的俗名，进而成为花市上非常时尚的招财植物。

猪笼草美丽的叶笼具有极高的观赏价值，在欧美等地作为室内盆栽观赏已很普遍。用其点缀客厅花架、阳台和窗台，或悬挂于庭园树上和走廊旁，都很别致且趣味盎然。当然，朋友新店开张或公司开业，猪笼草也是最好的贺礼。

元宝树

养护难度指数：★★★★

■ 花语：元宝。
■ 花寓意：招财进宝。

元宝树又名栗豆树，只要你见过一次，这种豆科栗豆树属的迷你小绿植肯定就会给你留下深刻的印象。它的茎叶像一株青葱油绿的小树苗，种球自基部萌发，如鸡蛋般大小，革质肥厚，饱满圆润，富有光泽，宿存盆土表面，成熟后开裂，好似用翡翠雕琢而成的中国古代元宝，所以又名绿元宝、招财进宝。除了这几个吉祥讨巧的名字，它还有另外一个同样很形象的别名——开心果。因为其种球成熟开裂的状态就像一个人开心开怀时的样子，而且与我们平时常吃的坚果果仁开心果也颇有几分相似之处。

平常我们在花市上很容易买到元宝树的小盆栽，选购时应注意种球结实饱满圆润且富有光泽者为上品。

元宝树盆栽小巧可爱，平日可在家里客厅、餐厅中摆放，也可以将其赠送生意场上的朋友，或祝贺朋友小店开张，寓意"招财进宝"。

荷包花

养护难度指数：★ ★ ★

■ 花语：橙蒲包花：富贵。
　　　　黄蒲包花：援助。
　　　　白蒲包花：失落。
　　　　紫蒲包花：离别。

■ 花占卜：您是一个感情专一的人，对爱情的态度审慎，不会轻易谈恋爱，一旦爱上了，您会至死不渝地爱下去。如果您发觉情人对您不专，您是无法原谅他的，所以您需要多结交些朋友。

■ 花箴言：婚姻的价值是要令人变得更成熟。

■ 花寓意：荷包满满，财源不断。

　　荷包花又名蒲包花，为玄参科蒲包花属多年生草本花卉，常作一、二年生栽培。它的花形非常别致，花冠二唇状，上唇瓣直立较小，下唇瓣膨大好似蒲包（荷包）状，中间形成空室。因此，这种奇特的花形让它得名——"荷包花"。它的花色也很丰富；单色品种有黄、白、红等深浅不同的花色，复色则在各底色上着生橙、粉、褐红等斑点。

　　荷包花在拉丁文里原是"细小的花鞋"的意思。当它最初诞生于南美洲安第斯山区时，当地的老乡们对它并无好感，认为它是一个不愿与人沟通的"鼓气袋"，除了孩子们从野外摘来玩耍外，多数成年人均不屑一顾。孰料后来有人把它形容为"荷包"之后，当地人的观念就彻底更新了。是呀，应该没有人会拒绝自己的荷包每天都是鼓鼓囊囊的吧？

荷包花的开花时间在少花的冬春季节，上市时间正值春节，奇特的花形惹人喜爱，且又有"荷包满满"的吉祥寓意，因此成为很好的节日礼品花。无论送人或摆放自家居室，都十分相宜。

荷包花盆栽小巧可爱，年节期间可在家里客厅、餐厅中摆放，若用多种花色的组合盆栽则装饰效果更佳。也可以将它赠送生意场上的朋友，或祝贺朋友小店开张，寓意"财源不断"。

富贵竹

养护难度指数：★ ★ ★

- 花语：富贵长寿。
- 守护星座：射手座，富贵竹线条自然流畅，富田园风味，凸显射手座热爱自由，不受拘束的个性。
- 花之星占：具有提升财运和运气的力量。
- 花寓意：普通：吉祥富贵、竹保平安。
　　　　水培：聚水生财、聚财四海。
　　　　弯曲形：开运、转运。
　　　　宝塔形：层层高升。

富贵竹大家应该都很熟悉了，因为它实在很常见。这种百合科龙血树属的常绿小乔木，市面上最常见的品种有青叶富贵竹，又名万年竹，叶片全部浓绿色；还有金边富贵竹，叶片中央绿色，边缘金黄色。

富贵竹之所以名气大，主要的原因是其有个好名字，成为象征吉祥富贵、竹保平安或开运聚财的吉祥植物。富贵竹的茎干既可单株扭成弯曲造型盆栽或水养，有转运含义，又名开运竹或转运竹；也可切段组合造型，成为一种多层的宝塔形状。此外，还有屏风状、圆筒形等各式开运盆景造型。

日常可在客厅中摆放水培富贵竹或盆栽。也可以将它赠送生意场上的朋友，祝贺朋友新店开张或公司开业亦尤为合适，寓意"开业大吉，生意隆隆，财源茂盛"。另外，宝塔形富贵竹也非常适合摆放在办公室，寓意"层层高升"，有助于提升职场运势。

榆树

养护难度指数：★ ★

■ 花语：高贵。

■ 花寓意：生财、生钱。

榆树在北方通常又被叫做榆钱树，榆钱是榆树结出的果，因状如铜钱挂满枝头，故得美名——榆钱。因此，榆树还有一个俗名叫"摇钱树"。

相传，很久以前，在东北松花江畔的一个小村子里，住着一对善良的农夫，老两口日子过得很苦，但却非常乐善好施。有一天，农夫出去打柴，从路上救回一位衣衫褴褛、饿得奄奄一息的老者，老两口把家里仅有的一碗米煮成稀饭给老者吃。得救的老者临走时给他们留下一粒种子说："这是一棵榆树的种子，把她种到院子里，等到长成大树时，如果遇到困难，需要钱时，晃一下树，就会落下钱来，但切记不要贪心"。几年后，大树结铜钱的消息很快传了出去，被村里的一个恶霸地主知道了，地主赶来霸占这棵树，却被树上落下的铜钱埋了起来，压死了。从此以后，这棵树就再也不落钱了，却结出一串串绿乎乎像铜钱一样好吃有甜味的果实，在饥荒之年拯救了全村人的性命。后来，村民们为了纪念这棵救命树，就给她起了一个很好听的名字"榆钱树"。

榆树不仅有着生财、生钱的吉祥寓意，许多在野外生长的榆树老桩经历了多年的自然界风剥雨蚀或动物啃咬，逐渐形成许多不同的奇异姿态，有的盘根错节，有的苍劲古朴，枯根新叶别有洞天，都是制作盆景的优良材料。这些造型奇雅古拙的榆树盆景如配伍细质紫砂盆摆放家中，顷刻就能令居室蓬荜生辉。

榆树可于庭院中栽种，或在客厅、书房中摆放榆树盆景。另外，也可以榆树盆景赠送生意场上的朋友，寓意"生意兴隆，财源茂盛"。

金玉满堂

养护难度指数：★★

■ 花语：藏也藏不住。

■ 花寓意：金玉满堂、富贵生财。

金玉满堂是近些年花市上非常时尚热卖的一种年宵花，它株形优美，红果累累，模样十分讨喜可人。因此，花商们给它起了个吉祥富贵的名字叫"金玉满堂"，有的花商甚至叫它"黄金万两"。

其实金玉满堂原名朱砂根，为常绿小灌木，盆栽可以长到1米多高。它的叶互生，革质油绿，长椭圆形，边缘皱波状或波状；花序伞形或聚伞形，顶生，花白色或淡红色。最引人注目的是它的聚伞形浆果，熟时呈油亮的朱砂红色，每粒直径为7～8毫米。因此，又有别名叫做大罗伞、富贵子。

金玉满堂的观果期恰好在我国传统的新春佳节前后，节日期间盆栽摆放于室内，绿叶与红果交相辉映，呈现出一派喜气洋洋的珠光宝色，颇为赏心悦目。因此，深受人们喜爱，是优良的观果观叶类盆栽花卉。

特别值得一提的是，金玉满堂还有药用价值，根、叶可祛风除湿、散淤止痛、通经活络，治跌打肿痛、风湿骨痛、消化不良、胃痛、咽喉炎、牙痛等症。

除了年节期间在家里客厅中摆放金玉满堂盆栽外，也可以将它赠送生意场上的朋友，祝贺朋友新店开张或公司开业亦尤为合适，寓意"开业大吉，生意兴隆，财源茂盛"。

福禄桐

养护难度指数：★ ★ ★ ★

- 花语：福禄双喜。
- 花寓意：福禄双喜、富贵吉祥。

福禄桐又名南洋森，为五加科福禄桐属常绿灌木，原产太平洋诸岛，为热带植物。它的植株高大，茎干挺拔，叶色叶形多变，全株飘逸潇洒，颇有热带风情，是近年较为流行的观叶植物。尤其因为名字含有"福禄"二字而带上富贵吉祥的美好寓意，所以广受大众的青睐和喜爱。

花市上常见的园艺品种有银边圆叶南洋森，又称白雪福禄桐，叶片较小，直径为5～8厘米，叶缘镶有不规则的乳白色斑。黄叶南洋森，又称斑纹福禄桐，叶面光滑犹如着蜡，叶主脉一带有黄绿色或乳黄色斑纹。羽叶南洋森，叶为不整齐的2～3回羽状复叶，小叶窄而细。 蕨叶南洋森，叶亮绿，呈羽状复叶，小叶窄而尖，细长，似蕨类植物的叶片。

福禄桐养护过程中需特别注意的是其汁液有毒性，皮肤接触可能引发红疹，如碰到口部，有时会引起肿痛而无法吞咽。

日常可在庭院中栽种福禄桐或作为绿篱，也可用于装饰家居客厅、书房、阳台等处，既时尚典雅，又自然清新。另外，也可以盆栽赠送生意场上的朋友，寓意"生意兴隆，财源茂盛"。

金银花

养护难度指数：★★★★

■ 花语：鸳鸯成对、厚道。
■ 花寓意：金银满屋。

金银花为忍冬科忍冬属多年生半长绿攀缘型灌木，它全株密被柔毛，雌、雄花蕊成对腋生，夏季开花。初放时花朵洁白如银，数日后变为金黄，新旧相参，黄白相映，形成一金一银两种色调，散发浓香，故而得了"金银花"这么个响亮的名称。也是因此，让它与财气挂上钩，成为富有吉祥寓意的招财植物。

因为花名的别具特色，金银花曾引得不少古代文人诗兴大发，其中有一首清代诗人蔡淳的诗可谓别有意趣："金银赚尽世人忙，花发金银满架香。蜂蝶纷纷成队过，始知物态也炎凉。"字里行间借花名点破世人普遍的拜金心态，实有一番对俗事常理的深刻感悟。

金银花为爬藤植物，通常于阳台、露台、庭院中露天栽培，需设置木质、铁艺攀缘花架。"花发金银满架香"，对你的爱家有旺宅招财的效力。

龙爪槐

养护难度指数：★ ★ ★

落叶乔木龙爪槐实际上是国槐的芽变品种，它树冠如伞形态优美，枝条构成盘状，上部盘曲如龙，显得奇特苍古。等到开花季节，米黄的花序布满枝头，似黄伞蔽日，则更加富丽可爱。自古以来，龙爪槐多用于对称栽植于庙宇、殿堂等庄严建筑物两侧作为点缀。

我国民间俗谚云："门前一棵槐，不是招宝，就是进财"。槐树自古就被国人视为吉祥树种，认为是"灵星之精"，有公断诉讼之能。《春秋元命苞》云："树槐听讼其下"。戏曲《天仙配》也有槐荫树下判定婚事，后又送子槐下的情节。《花镜》云："人多庭前植之，一取其荫，一取三槐吉兆，期许子孙三公之意"。而且古人还认为槐树有君子之风，正直、坚硬、荫盖广阔。除此以外，槐亦可药用。《本草纲目》云："槐初生嫩芽，可炸熟水淘过食，亦可作饮代茶。或采槐子种畦中，采苗食之亦良"。

龙爪槐姿态优美，观赏价值很高，是优良的园林树种，可在庭院中孤植、对植、列植，有旺宅招财的效力。节日期间，若在树上配挂彩灯，则更显富丽堂皇，带来吉祥好运道。

铜钱草

养护难度指数：★★★

■ 花语：财源滚滚。

■ 花寓意：招财进宝。

铜钱草为伞形科天胡荽属多年生水生植物，它的形象颇为童趣可爱，长长的叶柄、油绿的叶片圆形盾状带有波浪边缘，夏秋季节开出黄绿色的小小碎花。因为叶形极为美观，似古代的铜钱，故名铜钱草；而这种带柄的圆叶又很像一枚枚香菇，所以又有别名叫做香菇草，英文里面因此也称它为Water Mushroom。

铜钱草可以土栽，更适合水培，家居水族箱绿化时，常把它当作前景草来应用。除开观赏，铜钱草根、茎、叶也可以当蔬菜料理。而且它全草可入药，尤其在民间，常被作为一种随手可得、很便利的中药材来使用，具有利尿、祛风、固肠、明目清暑等功效。

铜钱草因其叶形似古代的铜钱而得名，所以理所当然地成为招财植物。

铜钱草盆栽小巧可爱，平日可在家里书房、卧室、浴室中摆放，也可以将它赠送生意场上的朋友，或祝贺朋友小店开张，寓意"招财进宝"。

福星高照吉运开

金橘 养护难度指数：★★★

- 花语：招财进宝。
- 花寓意：大吉大利。

金橘是现如今花市上非常时尚的年宵花品种。之所以这样人气大旺，首先因为"橘"就是"桔"，而"桔"就是"吉"，所谓大吉大利，小小的橘子也就成为咱中国老百姓的护身符和祈求福祉的一个精神寄托。

金橘四季皆能开花，故又称"四季橘"，带有四季丰收的好兆头。而它的结果期主要在冬季，枝叶茂盛结实累累的繁盛景观，正是丰满如意的象征，在新年的开端为全家招来旺势，祈求平安。

以橘祈福最为典型的地区莫过于福建，在那里，新春佳节家家户户都能见到福橘的身影。福橘原是福州本地产的一种橘子，因为正好在春节前后成熟，颜色鲜红可爱，又如上所述包含吉祥喜庆的寓意在其中。所以正月一到，大吉大利的福橘就和压岁钱的红包一起成为长辈送给孩子们的新年贺礼，借以表达对下一代最美好、最纯真的祝福与希望。而在与福建省毗邻的广东省许多地方，如潮州、海丰，也都有类似的习俗。

年宵期间上市的金橘盆栽多为大型落地盆栽，可于春节期间摆放客厅或玄关处观赏，都能给家居带来吉祥喜庆和一年的好运道。另外，它也是馈赠亲朋好友的上佳新年贺礼。还常见许多商家将其摆放于店堂的大门口处，同样非常适合。

竹 养护难度指数：★★★

- 花语：高风亮节。
- 花寓意：竹报平安，平安吉祥。

"竹报平安"是我国民间传统吉祥图案，画面为水墨竹丛或儿童放爆竹，寓意平安吉祥。

古籍《酉阳杂俎续集·支植下》中载："北都惟童子寺有竹一窠，才长数尺，相传其寺纲维每日报竹平安。"纲维，即主管僧寺事务的和尚。后以"竹报平安"指平安家信，也简称"竹报"。

"爆竹声中一岁除"，说的是我国传统的新春佳节家家户户燃放爆竹的民间习俗，意在驱邪魔，迎平安，为新年增添喜庆气氛。在它背后还有一个有趣的传说：古时候，南方群山中有一种人面猴身却只有一手一足的厉鬼，人称"山魈"。山魈发现烤火能御冬寒，于是开始向人类抢火，起先是袭击进山生火的人，后来慢慢地走出山林，骚扰人类居住的村落，成为人人谈之色变的一大公害。饱受其患的村民逐渐发现山魈特别害怕竹子燃烧时发出的哔剥哔剥的爆裂声，一闻此声便会连头也不敢回地惊惶逃窜，且好长时间不敢再出现。于是有了吓退山魈的妙计，每逢寒冬腊月便点火爆裂竹子以造声势；进山打猎、砍柴时，也带上一些竹管投在火中使之爆裂。据说新旧年份交替之际山魈出游最频繁，所以大家又在这时举行公众性的爆竹仪式，然后互道平安，因为大家都相信害人的山魈已被吓跑了。爆竹退鬼的手段与仪式，后来逐渐演变为国人除旧岁迎新年的传统风俗，直到后来发明火药并用它做成替代爆竹的燃响物后，仍管它叫"爆竹"。

竹可于庭院中片植，矮小品种也可制成盆景摆放在客厅、书房中观赏。能给你和家人带来吉祥喜庆和一年的好运道。另外，它也是馈赠亲朋好友的上佳新年贺礼。

梅花 养护难度指数：★★★

- **花语：** 坚强、傲骨、高雅。

  红梅：坚贞不屈、敢霜傲雪、艳丽迷人。

  白梅：纯洁、坚贞不屈。

- **花寓意：** 是五福的象征，即快乐、幸运、长寿、顺利、和平（或福、禄、寿、喜、康）。

梅花位列我国十大传统名花之首，同时又是"岁寒三友"和"花中四君子"之一，由此可见它在国人心目中的重要地位。

自古以来，民间就流传着"梅开五福"之说。一朵梅花有五个花瓣，分别代表快乐、幸运、长寿、顺利、和平（或福、禄、寿、喜、康），是五福的象征。在五福之中又以"和平"最为重要。中华民族是具有传统美德的礼仪之邦，历来主张以和为贵，创建和谐社会，大家和平共处、共同进步。如果天下太平没有战争，国家兴旺发达，人民安居乐业生活幸福，其他四福也将随之而降临。所以说，五福寄托了天下老百姓的美好心愿。

梅树可于庭院中栽种，或在客厅、餐厅、书房中摆放梅树盆景，能给你和家人带来吉祥喜庆和一年的好运道。另外，它也是馈赠亲朋好友的上佳新年贺礼。

玉兰花、海棠花

养护难度指数：★★★

- 玉兰花花语：陶醉。
- 海棠花花语：温和、美丽、快乐。
- 花寓意：玉堂富贵。

"玉堂富贵"，是我国民间传统吉祥图案，纹样为玉兰、海棠、牡丹和桂花，寓意府第辉煌、荣华富贵享之不尽。

我国五代十国南唐时期著名花鸟画画家徐熙，后人称"江南处士"或"江南布衣"，留传有名画《玉堂富贵图》。《玉堂富贵图》是一幅竖轴画，画中牡丹、玉兰、海棠布满全幅，花丛间有两只杜鹃，图的下方，湖石边绘了一只羽毛华丽的野禽。枝叶与花鸟，先用墨笔勾出轮廓，

然后再敷以色彩。白的淡雅，粉的娇媚，在石青铺地儿的映衬下，更现端庄秀丽之气韵。这种满纸点染，不留空隙的画法，显然是受了佛教艺术的影响。此画作现藏台北故宫博物院。

同样还有现藏台北故宫博物院的国宝清康熙画珐琅玉堂富贵瓶。该瓶是铜胎，侈口，削肩，梨腹瓶。瓶颈下垂的蕉叶纹，衬托出瓶身柔美的曲线，瓶腹则以没骨花卉的技法绘饰牡丹、辛夷（与玉兰花同科），娇艳欲滴、妩媚动人，而大片蓝色的湖石在白底间显得分外抢眼。瓶身因绘饰玉兰花及牡丹，故名为玉堂富贵瓶，是非常雅致的案头摆饰。

玉兰树和海棠树可于庭院中栽种，海棠也适合制成盆景摆放在客厅、餐厅、书房中，能给你和家人带来吉祥和福气。另外，也很适合作为节日或生日礼物馈赠亲朋好友。

观赏凤梨

养护难度指数：★★

- 双带姬凤梨花语：冲劲十足。
- 守护星座：白羊座，白羊座是黄道十二宫的第一宫，充满热情与活力，他们积极、直率、天真，希望有展现自我的舞台，与热情奔放的姬凤梨特别速配。
- 花之星占：具有克服爱情阻碍、解除爱情困扰的功能。
- 红星（擎天凤梨）花语：内心火热。
- 守护星座：天蝎座，精力充沛，神秘感十足的他喜欢挑战自己，有着自己独特的思想和抱负，有着旺盛的生命力和敏锐的洞察力。
- 花之星占：让你热情洋溢，美丽非常，具有提升运气的力量，使你成为中心人物。
- 二列花凤梨花语：爱憎分明。
- 守护星座：射手座，射手座是理想的追寻者，视野宽广，高瞻远瞩，以远方为志向，二列花凤梨有着突出的自由豪迈感和异国风情，是射手座的守护花。
- 花之星占：激发出自由与智性，使射手座具有坚定的信念来达到目标，有耀眼的表现。
- 花寓意：红运当头、吉星高照。

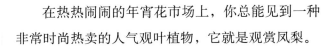

在热热闹闹的年宵花市场上，你总能见到一种非常时尚热卖的人气观叶植物，它就是观赏凤梨。

花市上出售的观赏凤梨品种繁多，其中以彩苞凤梨最受欢迎。彩苞凤梨顶端着生穗状花序，开出的花苞深红色，肥厚有光泽，整个花序看起来就像一支熊熊燃烧的火炬，因此花友们索性直接叫它"火炬"。它的花期长达3个月之久，所以成为观赏凤梨中的宠儿。还有其他热门品种如红星凤梨，俗称干脆就叫"红运当头"。

　　凤梨的花叶簇状丛生，令人联想到吉鸟归巢、有凤来仪，自古以来一直是招来好运的吉祥植物。长期以来，欧美国家都把凤梨视为吉祥和兴旺的象征。而在台湾方言中，凤梨的名称谐音"旺来"，亦是直截了当地表示将好运接来，从新春开始一路旺到底，故而成为年节开运的家居布置首选。无论是"火炬"，抑或红星凤梨，都同样意味着"红运当头、吉星高照"。

　　观赏凤梨的盆栽可于春节期间摆放在客厅观赏，能给你和家人带来吉祥喜庆和一年的好运道。另外，它也是馈赠亲朋好友的上佳新年贺礼。

剑兰

养护难度指数：★★

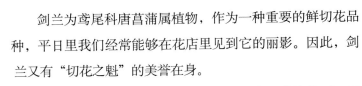

■ 花语：长寿、康宁、福禄。
■ 花寓意：祛除身边不好的运势，向好的方向转化；
好运通通倒进、好运满盛。

剑兰为鸢尾科唐菖蒲属植物，作为一种重要的鲜切花品种，平日里我们经常能够在花店里见到它的丽影。因此，剑兰又有"切花之魁"的美誉在身。

美丽的剑兰形象颇为特别，它长茎挺直、花姿华丽，而叶片却修长如剑，开花前的花穗形状也神似武士宝剑，拉丁学名"*Gladiolus*"也是"剑"的意思。中国人自古以来就认为宝剑带有天地正气，可驱魔辟邪，剑兰如剑的叶片有助于祛除身边不好的运势，加之手持利刃者多具披荆斩棘的侠客之风，执行力强，有利于运势的展开，向好的方向转化。

剑兰的漏斗状花朵自叶丛中抽出，沿着茎部由下逐渐向上盛开，朵朵艳丽，犹如灿烂的星光点点、闪亮不息，能助你步步惊人、稳健高升。花朵由下往上展开，犹如圆满福气向上萌发、锐不可当，故又有"福兰"的别称。叶鞘呈杯状，花序丛生犹如缤纷的杯盏，也意味着好运通通倒进、好运满盛。此外，剑兰是球茎类植物，脱壳生长意味着脱胎换骨，能摒除旧有晦气，开创一片全新气象。

许多西方人士也将剑兰视为欢乐、喜庆、和睦的象征，每逢婚礼、宴会或名人互访所献的礼花都少不了它。中世纪时的欧洲人还将外皮呈网状的剑兰球根比作盔甲，当成护身符来使用。

剑兰可于庭院中丛植、片植，盆栽可摆放在客厅、餐厅观赏，或用其切花随意制作漂亮的家居花艺小品，都能给你和家人带来吉祥和福气。另外，也很适合作为节日或生日礼物馈赠亲朋好友。

酢浆草

养护难度指数：★★★

■ **生辰花：** 11月22日，花语：辛辣。酢浆草的叶子有辛辣的味道，可用来做沙拉调味酱。所以，它的花语是——辛辣。受到这种花祝福而生的人，表面上看起来刻薄、冷淡，其实是一位心肠很好的人。所以只要记得平常少用尖酸的言辞指责别人，就可以避免别人误会你一辈子喽！

11月23日，花语：复活节。在南欧，酢浆草被称为"哈利露亚"。也许是因为它刚好在复活节前后开花，所以，它的花语是——复活节。受到这种花祝福而生的人非常活泼、爱说话、也常笑，和人相处非常融洽。但是在爱人面前，不要表现得太八面玲珑，免得被误以为轻浮。

11月26日，粉红酢浆草花语：邻居。在欧洲酢浆草是最常见的杂草，不管你走到什么地方，它都会在你的视野里，像亲密的邻居一样。所以，粉红酢浆草花语就是——邻居。受到这种花祝福而诞生的人很容易亲近，朋友多且人缘广，但是不容易拥有深交的知心朋友。因此，应该更加用心和人交往，才能成为万人迷。

11月30日，花语：健康食物。在俄罗斯，人们喜欢以酢浆草的叶子当茶饮用，略带酸味不仅好喝，且对缓和发烧及凉血都有很大的功效，可以说是一种健康食物般的花。因此，此花的花语就是健康食品。受到这种花祝福而生的人，非常注重健康，对生活上的规划也充分了解。几岁结婚，几岁成家，全规划在脑海里。不过，先决条件必须找到一位好对象。

■ **花寓意：** 幸运的象征，代表着荣誉、财富、爱情及健康。

酢浆草是一种非常时尚的迷你小盆栽，它那朝气蓬勃的青春气息尤其得到年轻花友们的垂青和大爱，可谓粉丝成群。作为园艺观赏用途的酢浆草是一个十分庞大的物群，已知的品种有几百个，花的颜色五彩缤纷，叶子也会呈现不同的形状和颜色。几乎每一种都有着金牌级的园艺观赏价值。

酢浆草之所以大受追捧，更重要的原因是近几年四叶草概念的大肆流行，令它从此被挂上了"幸运草"的别称。一般的酢浆草一枚叶柄上只长有三片小叶，但偶尔会出现突变现象的四片小叶个体，传说如果能找到有四片小叶的草对它许愿就能使愿望成真，所以四叶草又被称作"幸运草"。

One leaf for name（一叶带来荣誉）

One leaf for wealth（一叶带来财富）

One for a faithfully lover（一叶带来爱情）

One for glorious health（一叶带来健康）

All in this four-leafed clover（四叶草啊！你拥有了这四种幸运）

　　西方人眼中的四叶草意味着荣誉、财富、爱情及健康，想想看，能够同时享有这四桩天大的"幸运"，有谁敢说这不是我们每个平常人心中梦寐以求的完美人生呢？在欧美国家还流传着不少关于四叶幸运草的传说：四叶草是亚当、夏娃从伊甸园带到人间的礼物。有一次，拿破仑行军路过一片草原时，发现一株四叶草，感到非常奇特，俯身摘下时，刚好避过向他射来的子弹，逃过一劫，从此四叶草便成为幸运的象征。

　　酢浆草品种繁多，其中的芙蓉酢栽培管理简易，球根繁殖能力强，如果应用在花园、庭院中是极其优秀的地被植物。其他品种的小盆栽时尚感很强，适合阳台、窗台、客厅、餐厅、儿童房等摆放欣赏，也可用于案几、书桌等装饰。如以多种花色拼成组合盆栽，观赏效果更好。另外，它也很适合年轻花友间的互赠交流，表达幸运祝福。

炮仗花

养护难度指数：★ ★ ★

- 花语：热闹喜庆。
- 花寓意：富贵吉祥，好日子红红火火。

　　炮仗花，顾名思义因花朵似炮仗而得名。它是紫葳科炮仗花属常绿大藤本植物，开花之时花序成串累累下垂，花蕾似锦囊，花冠若磬钟，花丝如点缀，色彩橙红，而且它的藤蔓攀爬能力极强，花至盛期满棚满架，极为鲜艳夺目，实在酷似喜庆鞭炮。炮仗花的花期在春季，一般从1月左右开始绽放，一直到5月后才慢慢结束，其间适逢我国传统新春佳节，古人有"爆竹一声除旧岁"诗句，盛花季节极尽富丽堂皇的炮仗花可谓应时应景，给主人的花园庭院带来浓郁的节日喜庆气氛。

　　除开炮仗花这个形象的名字以外，它另外还有别名叫做火焰藤。新春时节，满墙盛开的花串如同怒放的焰火，也象征主人家的富贵吉祥和好日子红红火火。

　　炮仗花通常于阳台、露台、庭院中露天栽培，需设置木质、铁艺攀缘花架，较小型的盆栽也可于春节期间摆放在客厅观赏，都能给家居带来吉祥喜庆和一年的好运道。另外，它也是馈赠亲朋好友的上佳新年贺礼。

鹤望兰

养护难度指数： ★ ★ ★

■ 花语：自由、幸福、吉祥、快乐、潇洒，为恋爱打扮的男孩子。
■ 花寓意：自由、吉祥、幸福的象征。

鹤望兰为旅人蕉科多年生草本植物，是世界著名的观赏花卉。除了鹤望兰，又有别名叫做极乐鸟花或天堂鸟，从这几个诗一般的名字中，我们不难想象它的高贵和典雅。的确，鹤望兰的迷人之处在于它奇特的花形，它的花顶生，有着橙黄的花萼、深蓝的花瓣、洁白的花头、红紫的总苞，远远望去，宛如一只引颈高歌的仙鹤，故而得名鹤望兰。

鹤望兰原产地为非洲南部的好望角，当地黑人把它当作自由、吉祥、幸福的象征。据说18世纪英国国王乔治二世所钟爱的皇后莎洛蒂因为喜欢这种花草，认为它的花形特像鸟冠和鸟嘴，加上她所出生的故乡原名就叫天堂鸟村，于是就给这种野花赐名"天堂鸟"。而在南太平洋岛国巴布亚新几内亚的深山老林里，也真的生活着一种名字叫做"天堂鸟"的鸟，该鸟有着全身五彩斑斓的羽毛，硕大艳丽的尾翼，腾空飞起，有如满天彩霞，流光溢彩，祥和吉利。当地居民深信，这种鸟是天国里的神鸟，它们食花蜜、饮天露，造物主赋予它们最美妙的形体，赐予它们最妍丽的华服，为人间带来幸福和祥瑞。莎洛蒂皇后用这种美丽鸟儿的名字来给这种样子酷似鸟儿的花命名，倒是相得益彰了，而鹤望兰花也从此名扬天下。

鹤望兰可于庭院中丛植、片植，盆栽可摆放于客厅、餐厅观赏，或用其切花随意制作漂亮的家居花艺小品，都能给你和家人带来吉祥和福气。另外，也很适合作为节日或生日礼物馈赠亲朋好友。

瑞香

养护难度指数：★ ★ ★

- 花语：光荣。
- 花寓意：祥瑞、吉利。

瑞香为瑞香科瑞香属常绿小灌木，又名睡香、千里香、瑞兰。它早春开花，花朵团聚成簇，花形似丁香，浓香扑鼻，是早春的著名香花。

瑞香的原产地在我国江西省境内的庐山。相传宋朝时有一僧人喜游名山大川，一日行至庐山，但见重峦叠嶂，云雾缭绕，至山腰，忽闻香气袭人，催人入眠。此僧遂找一容身石坪，酣睡起来。梦中被馨香陶醉，醒来四处寻觅，于草丛中觅一株绿叶笼罩、芳香袭人的小树。爱不释手，命名"睡香"。之后，僧人将"睡香"之遇传于他人，众人纷纷登山观赏，但见此花四季不凋，馨香醉人，又因其在春节前后盛开，都认为是花中祥瑞，便改称"瑞香"。关于这个传说，宋代文人张景脩有《睡香花》诗为证：曾向庐山睡里闻，香风占断世间春。窃花莫扑枝头蝶，惊觉南窗半梦人。

"依约玉骨盈盈，小春暖逗，开到灯宵际。"总在春节、元宵节前后繁花成簇的瑞香花无疑已经成为国人眼中备受珍爱的吉祥花草品种，在新春佳节和新的一年里为我们带来绵绵无尽的祥瑞和芳香。

瑞香可于庭院中丛植、片植，盆栽可摆放于客厅、餐厅观赏，都能给你和家人带来吉祥和福气。另外，也很适合作为节日或生日礼物馈赠亲朋好友。

仙客来

养护难度指数：★★★

- 花语：美丽，嫉妒，以纤美缄默的姿态证明着被爱的高雅。
- 花寓意：祥瑞、喜庆。

仙客来为报春花科仙客来属多年生宿根草本植物，它的花形别致，色彩丰富，有白、粉红、火红、洋红、紫红等色，花期很长，自秋经冬至春，又适合室内观赏，故而在年宵花概念盛行的今天成为颇受国人欢迎的花卉品种。

仙客来这个别致的中文名称音译自它的学名*Cyclamen*，不仅让人浮想联翩，还吉祥、喜气，又恰好迎合了国人在新春佳节迎仙送神的传统，实在算得上是个高明的杰作。因此，它能够在群芳争艳的年宵花市擂台上一枝独秀，花名的作用可谓功不可没。热爱园艺的日本人对仙客来同样情有独钟，给了它一个日本和名叫做篝火花。那是因为仙客来的花色多为大红、绯红、玫瑰红、紫红，繁花盛开之时，踞在茂密的叶片上，像极了一堆熊熊燃烧的篝火，吉祥喜庆气息非常地浓郁。

在我国以及与我们一水之隔同为礼仪之邦的日本，仙客来近些年都已逐渐成为重要的岁末礼品用花。当新春佳节来临，为亲人、为朋友、为自己送上如许美丽的花儿，热闹又喜庆的日子里，有仙客翩翩而至，祥光瑞气随之降临，笼罩着家园的尽是无边的温馨与欢乐了。

仙客来可于庭院中丛植、片植，盆栽可摆放在客厅、餐厅观赏，都能给你和家人带来吉祥和福气。另外，也很适合作为节日或生日礼物馈赠亲朋好友。

吉祥草

养护难度指数：★★★

- 花语：爱情长青，幸福永远。
- 花寓意：幸福、吉祥如意。

　　吉祥草是百合科吉祥草属多年生长绿草本植物，又名玉带草、松寿兰，也有叫它瑞草的。吉祥草株形优美，叶色终年青翠，无论盆栽、水培均能够蓬勃生长，又有"吉祥如意"的美好寓意，因此成为颇有人气的观叶植物。

　　清《花镜》中对吉祥草的形态、习性、栽培及欣赏都有过扼要记述："吉祥草，丛生畏日，叶似兰而柔短，四时青绿不凋，夏开小花，内白外紫成穗，结小红

子，但花不易发，开则主喜，凡候雨过分根种活，不拘水土中或石上俱可栽，性最喜温，得水即生，取伴孤石灵芝，清供第一。"

　　在印度，吉祥草自古被视为神圣象征，是宗教仪式中不可缺少之物。据说为在旅途中死亡的人或为失踪的人举行葬礼，就用吉祥草做成人形，当做尸体火葬。而关于吉祥草名称的由来，有的说是释尊在菩提树下成道时，敷此草而坐；或说此草乃是吉祥童子为释尊所铺之座；也有说是有一位名为吉祥者的人，献上这种草给释尊。每逢举行维达（圣典）仪式时，吉祥草被当做圣草铺在会场里，上面放置种种供物。而行者在空闲寂静处和清净房中，也经常以吉祥草为坐卧之具。

　　吉祥草可于庭院中作为地被或水景植物，盆栽或水培则可摆放在客厅、书房、卧室观赏，都能给你和家人带来吉祥和福气。另外，也很适合作为节日或生日礼物馈赠亲朋好友。

报岁兰

养护难度指数：★★★

- 花语：淡泊高雅、高尚、绝代佳人。
- 花寓意：庆贺新年到来，预告春天将临，祝福家庭圆满和乐。

报岁兰也就是通常所说的墨兰，它还有一个别名叫做拜岁兰。报岁兰在我国有着悠久的栽培历史，由于开花多在冬末春初，时值农历春节前后，适逢岁岁之交，故而得名。

新春佳节，正值报岁兰盛花时，清隽含娇，幽香四溢，满室生春。因为与中国水仙花期相近，都在春节前后盛开，于是在《花史》中，水仙和报岁兰共同被誉为"夫妻花"，有着夫妻和好的吉祥寓意。

栽养报岁兰需专用的紫砂兰盆方显高雅大气，同时也有利于植株健康生长。观花期可在客厅、餐厅、书房中摆放，能给你和家人带来吉祥喜庆和一年的好运道。另外，它也是馈赠亲朋好友的上佳新年贺礼。

中国水仙

养护难度指数：★ ★ ★ ★

■ 花语：高雅，清逸，芬芳脱俗，思念，团圆。

■ 花寓意：圆融平和，万事如意；夫妻和好。

中国水仙为石蒜科水仙属球根植物，从花形上分，单瓣的称为金盏银台，重瓣的称为玉玲珑。水仙为我国十大名花之一，因其花姿亭亭玉立于清波之上，自古以来就有"雅客"和"凌波仙子"的美名。清代文人张潮更盛赞它"水仙以玛瑙为根，翡翠为叶，白玉为花，琥珀为心，而又以西子为色，以合德为香，以飞燕为态，以宓妃为名，花中无第二品矣。"

水仙是我国南方春节花市的主打年宵花品种之一，每到新年，家家户户几乎都有水仙作为案头清供。因为与报岁兰花期相近，都在春节前后盛开，于是在《花史》中，水仙和报岁兰共同被誉为"夫妻花"，有着夫妻和好的吉祥寓意。此外，水仙用作年宵花可避邪除秽，为你的爱家带来圆融平和、万事如意的新年气象。

中国水仙多用水培，也可盆栽，摆放在客厅、餐厅、书房、卧室中都有上佳的装饰效果，能给你和家人带来吉祥喜庆和一年的好运道。另外，它也是馈赠亲朋好友的上佳新年贺礼。

蝴蝶兰 养护难度指数：★★★★

■ 花语：幸福向你飞来，我爱你。

■ 花寓意：白蝴蝶兰：爱情纯洁、友谊珍贵。

红心蝴蝶兰：红运当头、永结同心。

红色蝴蝶兰：仕途顺畅、幸福美满。

黄蝴蝶兰：事业发达、生意兴隆。

斑点蝴蝶兰：事事顺心、心想事成。

迷你型蝴蝶兰：快乐天使、风华正茂。

蝴蝶兰是近些年花市上极为时尚热卖的年节礼品花卉，因其花形似蝶而得名，为热带兰中的珍品，有着"兰中皇后"的美誉。

蝴蝶兰的学名在希腊文中的原意为"好像蝴蝶般的兰花"，常见花色有紫红、纯白、鹅黄等，也有双色、三色，或带有喷点的品种，一枝花梗上常可着生七八个甚至十来个花蕾，然后一朵接一朵地次第开放，犹如彩蝶成阵翩翩飞舞，可谓娇美异常。传说有一只孤单的蝴蝶被大山的清幽灵秀所吸引，在一个星光斑斓的夜晚，当美丽的流星划过天际时，蝴蝶许下心愿，希望自己变成生命的种子撒遍空谷。来年山花烂漫时，山谷里就有了蝴蝶兰。

美丽的蝴蝶兰有着"幸福向你飞来"的动人花语。而各种花色蝴蝶兰的花语虽然不尽相同，但却个个寓意美好吉祥。年节佳期不妨在家里布置一盆蝴蝶兰，相信幸福也将如蝴蝶展翅，向你翩翩飞来。

蝴蝶兰盆栽可于年节期间摆放于客厅、餐厅观赏，能给你和家人带来吉祥和福气。另外，也很适合作为节日或生日礼物馈赠亲朋好友。

身心健康亨长寿

龟背竹

养护难度指数：★★★

- 花语：健康长寿。
- 花寓意：身体健康，长命百岁。

龟背竹为天南星科常绿攀缘观叶植物，它的叶片硕大呈卵圆形，在羽状的叶脉间散布有许多长圆形的孔洞和深裂，其形状酷似龟甲图案，而它的茎上有节似竹子，故而得名"龟背竹"。

我国民间素来有"龟鹤延年"、"千年王八万年龟"等说法，在长寿方面，龟确实是动物界中的佼佼者。国人自古以来把龟当作"仁寿"的象征，而且龟在风水上也有化煞的作用，因此在我国，龟便成为吉祥四灵"龙、凤、龟、麟"之一，长寿龟的形象在画卷、瓷器、雕刻等艺术作品中均极其常见。

因为叶子形态很像乌龟壳，同时它具有吸收二氧化碳的奇特本领，有益于人的身体健康，所以龟背竹有着"健康长寿"的吉祥寓意。

龟背竹不仅是著名的室内大型盆栽观叶植物，也非常适合用于露天，尤其是中式庭院的绿化布置，散植于池旁、溪沟、山石旁和石隙中，十分地古朴雅致，却又不失自然大方。

日常可于庭院中栽植龟背竹，或在客厅、老人房中摆放龟背竹盆栽。另外，也适合在重阳节赠送长辈老者，或祝贺长辈寿辰，寓意"身体健康，长命百岁"。

松树

养护难度指数：★ ★ ★

- 花语：苍劲、长寿不老、同情。
- 花寓意：身体健康，长寿不老。

"福如东海长流水，寿比南山不老松"是我国民间最常用的一句祝寿语。《花镜》中云："松为百木之长，……多节永年，皮粗如龙麟，叶细如马鬃，遇霜雪而不凋，历千年而不殒。"松树对环境适应性极强，部分品种可忍受的极限温度为−60℃的低温及50℃的高温，耐寒耐旱，阴处、枯石缝中皆可生长，冬夏常青，可傲霜雪，而且在"岁寒三友"当中，松也名列首位。因此，生命力旺盛的松在老百姓的眼里一直以来都象征着"长寿不老"，民间传统装饰图案中常见"松柏同春"、"松菊延年"、"松柏常青"、"松鹤同寿"等等，也都包含了长寿的吉祥寓意。

松树可于庭院中栽种，或在客厅、老人房中摆放松树盆景。另外，也适合在重阳节赠送长辈老者，或祝贺长辈寿辰，寓意"身体健康，长命百岁"。

万寿菊

养护难度指数：★ ★ ★

■ 花语：友情。

■ 花寓意：长寿延年，青春永驻。

万寿菊为菊科万寿菊属一年生草本花卉，因为全年均能开花、容易栽培、生命力强韧的特性，而被人们视为长寿延年的代表花卉。民间传说万寿菊在16世纪中期由墨西哥传入我国，当时人见其花形似菊，还带着怪味，便叫它"瓣臭菊"。有一位县官做寿大宴宾客，管家为他摆上两盆布置宅邸，县官见其花团锦簇的模样十分喜欢，便问是何花，管家答说"瓣臭菊"，县官却误听作"万寿菊"，更是赞誉有加。从此以后，人们每逢寿辰便以此花来祝贺延年长寿。

除了寓意吉祥，万寿菊还是一种可食可药的花卉，花朵可入菜，叶子可泡茶，具有祛风降火、化痰止咳的作用，还可保护眼睛，被誉为"可以吃的太阳眼镜"。因此说，万寿菊可以带给你健康长寿，让你青春永驻。

万寿菊可于庭院中丛植及片植，观花期也可在客厅、老人房中摆放万寿菊盆栽。另外，也可以在重阳节赠送长辈老者，或祝贺长辈寿辰。

长寿花

养护难度指数：★ ★ ★

■ 花语：大吉大利、长命百岁、福寿吉庆。
■ 花寓意：身体健康，长命百岁。

　　长寿花为景天科伽蓝菜属多年生肉质草本，是近些年来花市上非常时尚热卖的小盆栽。它的株形小巧紧凑，花朵拥簇成团，不仅有单瓣、重瓣之分，花色也极为丰富，有绯红、桃红、橙红、黄、橙黄和白等，而且花期长，耐寒耐干旱，生性强健，栽培容易，装饰效果非常好。

　　长寿花因为花期长而得了"长寿"之名。它的叶片晶莹透亮，花朵稠密艳丽，花期又正逢圣诞、元旦和春节，所以很多人在节日时将它包装成时尚的礼品花，用来赠送亲朋好友，尤其长辈。小花一盆，福气多多，所谓的"礼轻情义重"，那可是十分讨人欢心的哦。

　　长寿花是冬、春少花季节理想的室内观赏花卉，可多种花色拼成组合盆栽，用于布置客厅、老人房，观赏效果极佳。另外，也可以在新年赠送长辈老者，或祝贺长辈寿辰。

菊花

养护难度指数：★ ★ ★

- **花语：** 清净、高洁、我爱你、真情。

  菊花（红）：喜恋。

  菊花（白）：诚实君子。

  菊花（黄）：失恋。

- **花寓意：** 身体健康，长命百岁。

菊花是我国十大传统名花之一，除了拥有很高的观赏价值外，它还是一味很好的中药材。菊花入药在我国有着源远而流长的历史。早在《神农本草经》中，它就被列为上品，有"久服利血气，轻身耐老延年"的记载。因此入药之菊在我国，自古以来便有个意味深长的雅号——延寿客。

而有关菊花延寿的故事，简直多得数也数不清。《荆州记》中载："南阳郦县（今河南省内乡县境内）北八里有菊水，其源旁悉芳菊，水极甘馨。谷中有三十家，不复穿井，仰饮此水，上寿百二十三十，中寿百余，七十犹以为早夭。"后来，扬州八怪之一的郑板桥知晓了这桩奇事，立时为那些菊花写了首赞美诗："南阳菊水多耆旧，此是延年一种花。八十老人勤采啜，定教霜鬓变成鸦。"还有如大名鼎鼎的菊花酒，常饮有养肝、明目、健脑、抗衰老等功效，所以又称长寿酒。唐代的时候，中宗登慈恩寺做寿，群臣献的礼就是菊花酒。宋代的大诗人陆游有一次病倒了，后来饮了菊花酒才药到病除，于是也忍不住为它而诗兴大发一番：菊得霜乃荣，性与凡草殊。我病得霜健，每却稚子扶。岂与菊同性，故能老不枯。今朝唤父老，采菊陈酒壶。举

袖舞翩仙，击缶歌乌乌。晚秋遇佳日，一醉讵可无。再有像寿命长达73岁的慈禧太后老佛爷，之所以能够长寿，与她善于保养，长期服用长寿药膳有很大关系。那本赫赫有名的《慈禧光绪医方选议》中记载："菊花延龄膏是慈禧一生中最喜爱、常服的药膳，老年时期更是每天必进之膳。"

菊花可于庭院中孤植、丛植及片植，园艺观赏效果极佳，观花期也可在客厅、老人房中摆放菊花盆栽。另外，也可以在重阳节赠送长辈老者，或祝贺长辈寿辰。

银杏

养护难度指数：★ ★ ★

■ 花语：长寿。

■ 花寓意：青春不老，健康长寿。

说起银杏，相信大家都不会感到陌生。这个有着"地球的活化石"和"植物中的熊猫"美誉的树种，在地球上有着长达3亿年的生长历史，与恐龙为同时代的地球统治者，是世界上最古老的树种之一。在古老的传说中，银杏是神奇的不老之树。它有着长达3500多年的自然寿命，且不论数百上千年均能开花结果，生命力十分顽强。因此，也成为人们眼中的"长寿树"。而且由于生长周期长，还得了个同样形象的别名叫做"公孙树"。

银杏树为落叶乔木，雌雄异株，叶片为美丽的扇形，十分独特，耐观赏。最新的现代医学研究表明，它对人类健康有神奇功效，是人们追求青春不老和长寿的希望。银杏可入药的部分是它的叶和种子（又名白果），具有防治心、脑血管疾病，抗病毒、消炎、抗血小板活化因子，延缓衰老和美容等保健作用。

银杏树可于庭院中栽种，或在客厅、老人房中摆放银杏盆景。另外，也适合在重阳节赠送长辈老者，或祝贺长辈寿辰。

长春花

养护难度指数：★★

- 花语：快乐，回忆，青春常在，坚贞。
- 花寓意：青春不老，健康长伴。

长春花又名日日春，为夹竹桃科长春花属草本植物，原产于地中海沿岸、印度、热带美洲，在我国的栽培历史并不长。但由于它抗热性强，在少花的夏季里花事繁盛，而且新开发的园艺品种很多，花期长，花色丰富，因此受到花友们的喜爱，近些年已成为一种时尚的夏季草花。

长春花的分枝很多，长椭圆状的叶片对生，叶面上有明显的白色主脉。聚伞花序顶生，每朵花都是五个花瓣，花朵中心有深色洞眼，花有红、紫、粉、白、黄等多种颜色。它的嫩枝顶端每长出一片叶，叶腋间即冒出两朵花，因此花朵特别多，花期特长，花势繁茂，从春到秋开花从不间断，生机蓬勃，所以才得了"长春花"和"日日春"的美名。此外，长春花还有着相当不错的药用价值，全草皆可入药，可止痛、消炎、安眠、通便及利尿等，并且也是一种防治癌症的良药。

"长春花"、"日日春"的花名既包含了"青春常在"的美好寓意，又是我们日常生活中得力的健康卫士，所以长春花也成为象征"长寿安康"的时尚吉祥花草。

　　长春花可于庭院中丛植及片植，观花期也可在客厅、老人房中摆放长春花盆栽。另外，也可以在重阳节赠送长辈老者，或祝贺长辈寿辰。

代代花

养护难度指数：★★

■ 花语：期待你的爱。
■ 花寓意：返老还童，青春常驻。

代代花是芸香科柑橘属常绿灌木或小乔木，和我们平日常吃的橘、柑、柚属于同"家族"的近亲。

代代花别名很多，有回青橙、回春橙、三代园、三代代花和三代代等。它的果实在金秋十月间成熟，鲜红可爱，能在树上挂3~4年而不脱落。更加有趣的是，在同一棵树上，隔年花果共存，几代果子同挂，因此得名代代，意为"代代相传"、"几代同堂"。代代花的果实新生时油绿绿，成熟时黄澄澄，以后经历寒冬而不改其色，待到第二年春暖花开之际，又慢慢地转回碧绿了，而且果实还悄悄地增大起来，宛若"返老还童"，又一次获得青春。所以，又有"回青橙"和"回春橙"之美名。也是因为这个缘故，代代花成为象征"长寿"的吉祥植物，年老者特别喜爱栽培、观赏和食用。

代代花可于庭院中栽种，或在客厅、老人房中摆放小型盆景。另外，也适合在重阳节赠送长辈老者，或祝贺长辈寿辰。

精进学业考运佳

桂花

养护难度指数：★ ★ ★

■ 花语：名誉。
■ 花寓意：金榜题名、广寒高中、蟾宫折桂。

桂花显然是一种文气十足的植物，因此它在我国历史上总是和学子、文人有着紧密的联系。

西晋时的郤诜升为雍州刺史，晋武帝在东堂接见他，问他自以为如何，他答道："臣举贤良对策，为天下第一，犹桂林之一枝，昆山之片玉。"用广寒宫中一枝桂、昆仑山上一片玉来形容特别出众的人才，这便是成语"蟾宫折桂"典故的出处。唐代以后，科举制度盛行，蟾宫折桂便用来比喻考中进士。封建朝代讲天人感应，地方志及野史中可以看出许多某地某家出进士、状元，其年桂花特别繁盛的记载，其中又以明初宋濂的《重荣桂记》所叙最详。此外，在古代中国的许多地方，每当科考之年，应试者及其家属亲友都用桂花和上米粉蒸成桂花糕相互赠送，并称其为广寒糕，所取亦为"广寒高中、蟾宫折桂"之意。

另外，相传桂花的花神是唐太宗的妃子徐惠。徐惠生于湖州长城，自小就聪慧过人，5个月就会说话，4岁就能读论语，8岁能写诗文。因为才情不凡，被唐太宗招入宫中，封为才人。太宗死后，徐惠哀伤成疾，24岁就以身殉情。后世人就封这位才貌双全的女子为桂花的花神。

如果家有考生，可在阳台、庭院中栽种桂花，平日也可将桂花剪枝水插，摆放在书房里，祝愿考生早日金榜题名。

罗汉松

养护难度指数：★★★

- 花语：开运招财。
- 花寓意：静心修炼、刻苦精进；助学子头脑聪敏学业顺畅考运佳。

罗汉松为罗汉松科罗汉松属常绿乔木，以往它通常是以庭院树种或艺术盆景的形象出现，端庄大气。但近几年来随着花市上"种子小森林"概念的引进和大肆流行，充满青春气息的罗汉松"种子小森林"盆栽开始得到年轻花友们的青睐和大爱。

在每年八九月份，它成熟的卵球形种子长在肥大鲜红的种托上，看上去如同寺庙里身披红色袈裟的罗汉，故而得名"罗汉松"。传说明朝年间，一位自幼在少林寺习武的僧人为了精进武艺，云游四海至紫云山，看到崖边有树孤绝而立、云气缥缈，心念一动便就地苦思，十年后终有所成，造诣更上一层楼，再回到少林寺时被尊为"护寺罗汉"，后来人们就将那棵松树称为"罗汉松"。罗汉松原产于寒冷之地，成长极慢，因此延伸出静心修炼、刻苦精进之意。

如果家有学子，可在庭院中栽种罗汉松，也可在阳台、书房里摆放罗汉松的"种子小森林"盆栽或艺术盆景，都可助其头脑聪敏学业顺畅考运佳。

樟树

养护难度指数：★★★

■ 花语：纯真的友谊。

■ 花寓意：大有文章，书香门第，人才辈出。

樟树是樟科常绿性乔木，它枝叶浓密，树形美观，为异常优秀的园林绿化林木。许多生长良好的樟树树龄可达成百上千年，高度达到50米，堪称参天古木。

樟树又名"香樟"，树木全株均带有樟脑香气，可提取樟脑和樟油。樟脑可供医药、防腐、杀虫等用，樟油可作香料。樟树的木材坚硬美观，耐腐、防虫、致密、有香气，可供建筑、造船之用，也是家具、雕刻的良材。另外，传说因为樟树木材上有许多纹路，像是大有文章的意思，所以人们就在"章"字旁加一个"木"字作为树名。

带香气、材质优良、且大有文章（纹樟），因此樟树成为中国古代诗书人家庭院里的必栽之树，寓意此宅为书香门第，人才辈出。

如果家有学子，可在庭院中栽种樟树，助他早日成才，写就人生的锦绣华章。

荷花

养护难度指数：★★★

■ 花语：君子，远离的爱。

■ 花寓意：白鹭与莲花（荷花）、芦苇共同寓意"一路连科"，
喜鹊与莲花（荷花）、芦苇共同寓意"喜得连科"。

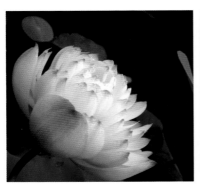

荷花为我国十大传统名花之一，古人曾赞誉说"莲，名士之女"，她就像一个生长在书香名门里的大家闺秀，拥有着与生俱来的风流和灵慧。她出淤泥而不染，濯清涟而不妖，香远溢清、亭亭净植，千百年来，这个温婉而绰约的形象，始终在文人墨客的心底里常开不败。

"一路连科"是我国民间传统吉祥图案，画面由白鹭与莲花（荷花）、芦苇共同组成，寓意应试捷报频传、仕途顺遂。"鹭"与"路"谐音；"莲"与"连"同音；而芦苇生长，常是棵棵连成一片，故谐音"连科"取意。旧时科举考试，连续考中谓之"连科"。因此，白鹭与莲花（荷花）、芦苇共同寓意"一路连科"。

与之相类似的吉祥图案还有"喜得连科"，画面由喜鹊与莲花（荷花）、芦苇共同组成，喜鹊是报喜鸟，寓意为祝贺应试连连取得好成绩。

如果家有考生，可在阳台、庭院中栽种荷花，祝愿考生一路连科，早日金榜题名。

鸡冠花

养护难度指数：★ ★ ★

■ 花语：爱美、情爱、奇妙、痴情、不死。
■ 花寓意：加冠登科、功成名就。

鸡冠花显然是因为花形酷似公鸡的鸡冠而得名的，而且它花色艳丽，多为大红、橘红、紫红，呈现出意态高昂傲然挺立之姿，所以自古以来在国人眼中就象征着"加冠登科、功成名就"。

明朝的大才子解缙与鸡冠花之间有一段饶有趣味的佳话：明洪武年间，某日皇上一时兴起，想试探解缙的文学功力，便出了道题《赋鸡冠花》。解缙脱口吟出："鸡冠本是胭脂染！"想不到皇上突然拿出一朵白色的鸡冠花，解缙立刻冷静地改口道："今日如何淡素妆？"此句一出，旁人正感惊奇地思索下文时，才气纵横的解缙随即自答："只因五更贪报晓，至今戴却满头霜。"因为这段故事，鸡冠花从此在人们眼中又有了聪慧和机敏的内涵。

鸡冠花的花朵多为红色系，除了常见的花形如鸡冠的品种，象征着出类拔萃、技冠群芳以外，还有另一个品种名为凤尾鸡冠，花形如火焰，象征着熊熊燃烧的昂扬斗志。因此说，鸡冠花是莘莘学子学习应考路上绝佳的守护神。

如果家有学子，可在庭院中栽种鸡冠花，也可在阳台、书房里摆放鸡冠花盆栽，都可助他头脑聪敏学业顺畅。

薄荷

养护难度指数：★ ★ ★

- 花语：美德、再爱我一次。
- 花寓意：醒脑益智，助学子头脑聪敏学业顺畅考运佳。

薄荷是人们极为熟悉的香草植物，也是世界三大香料之一，号称"亚洲之香"。含有薄荷脑的成分，所散发出来的芳香带有一种清凉感，能让人精神为之一振。

薄荷叶色碧绿清雅，又有提神醒脑的香味，所以很适合摆放在书房中，作为案头、窗边装饰性的小绿植。长时间埋首书堆逡巡于字里行间，头昏眼花的时候抬头看看清爽而有朝气的薄荷，可以帮助你重新抖擞精神集中注意力，让学习效果事半功倍。从薄荷小盆栽中摘取新鲜薄荷叶清洗干净，用沸水冲泡，加入适量白砂糖，自然冷却后饮用，能清凉解暑，让你通体舒坦精力倍增。为了备考而形神憔悴思绪不畅的时候，这款薄荷凉茶对醒脑益智有着立竿见影的效果。

如果家有学子，可在庭院中栽种薄荷，也可在阳台、书房里摆放薄荷盆栽，都可助其头脑聪敏学业顺畅。

工作顺利步步高

龙舌兰

养护难度指数：★★★

- 花语：为爱不顾一切。
- 花寓意：对抗逆境、防范小人，巫毒邪煞避之唯恐不及；事业发展顺利、步步高升。

龙舌兰是龙舌兰科龙舌兰属多年生常绿植物，原产于墨西哥。

龙舌兰植株高大，叶片形似一簇簇碧绿的利剑直指青天，且质地坚厚耐压。在墨西哥当地土著居民印第安人的传说中，它是神赐之物，日常居家生活的衣食住行皆仰仗它作为坚强护卫。龙舌兰的花名对于中国人来说，"龙"为传统的图腾崇拜，亦是"九五之尊"，它也因此而被赋予了对抗逆境、防范小人、巫毒邪煞避之唯恐不及的吉祥寓意。

龙舌兰生长于沙漠翰海，它的叶片汁液纯白如牛乳，且甘甜沁心，往来跋涉于沙漠中的旅人常取其饮用，是绝佳的"沙漠之泉"。以它制成的龙舌兰酒清洌醇厚，是闻名世界的酒品，只需少量啜饮便有很好的活血暖身效果。

龙舌兰园艺品种很多，叶片坚挺，气势十足，且四季常青，颇具热带风情，墨西哥人多将它作为绿篱植物应用种在家居四周，防护与美化双效兼而得之。

日常可在办公室摆放龙舌兰盆栽，它能帮你挡邪避煞、防范小人，助你事业发展顺利、步步高升。

仙人掌

养护难度指数：★ ★ ★

■ 花语：热情。

■ 花寓意：挡邪避煞、防范小人，事业发展顺利、步步高升。

仙人掌是墨西哥民族和文化的象征，被视为是神灵赐予的圣物，是墨西哥人心中的图腾崇拜。相传11世纪初，太阳神向阿兹台克人的部落发出喻示，为了部族的繁荣昌盛，他们必须向南迁移，在一个叼着一条长蛇的雄鹰站在仙人掌上的地方定居。信奉太阳神的阿兹台克人立即跋山涉水，由北向南迁移。1325年7月18日，他们来到现今墨西哥城东部的特斯科科湖，在湖心岛上见到一只雄鹰正站在仙人掌上叼食一条长蛇。于是，阿兹台克人就在这个小岛上定居下来，并建立起他们的都城——铁诺支蒂特兰城。从此，仙人掌就成为墨西哥人的崇拜物。

生长于干旱地区的仙人掌，为了在燥热缺水的环境中生存，叶片便进化为尖刺状，可减少水分蒸发流失，同时也有护身御敌、屏障外物入侵、谦和自保之效，是一种适应性强、生命力旺盛的植物。传统闽南语中称仙人掌为"八卦红"，常用它来安居镇宅。因此，仙人掌能够激励职场人沉潜积累，不为外在的纷扰所动，耐心等待职业生涯新的突破。

日常可在办公室摆放仙人掌盆栽，它能帮你挡邪避煞、防范小人，助你事业发展顺利、步步高升。

苏铁

养护难度指数：★ ★ ★

■ **花语：** 坚贞不屈，坚定不移，长寿富贵，吉祥如意；自信，豪爽，重视朋友。

■ **守护星座：** 狮子座，苏铁的顽强、坚硬，是权力的象征，是天生的领导者，是狮子座的代表植物。

■ **花之星占：** 苏铁有提升你运气的力量，使你成为左右逢源的中心人物。

■ **花寓意：** 坚忍刚强、不为外界环境变化而迷惑动摇；事业发展顺利，步步高升。

早在两亿年前的恐龙时代，地球上就已经有苏铁这种植物了，它历经了沧海桑田漫长的光阴变迁存活至今，堪称植物中的活化石。苏铁浓绿而富有韧性的叶片为羽毛状，向四周伸展，如同漂亮的凤尾，极具观赏性，故又有别名"凤尾蕉"。

平时我们常能听到"铁树开花，哑巴说话"、"千年铁树开了花"、"铁树开花马长角"之类的俗语，用来比喻事物发展变化的漫长和艰难，甚至根本不可能出现的情况。传说宋代大文豪苏东坡遭小人谗害被贬海南岛，谗害者恶语中伤说："若要返回中原，除非铁树开花。"然而，海南岛当地百姓赠送东坡一株"凤尾蕉"即铁树用于养生，其叶片可理气活血，根部则有除湿止痛之效，并且这株铁树在热带气候的海南岛年年夏季皆会开花。于是，1年之内，苏东坡便被召回中原，此树也从此得了"苏铁"之名。

苏铁叶片质硬尖锐，圆柱形的茎干被坚固叶基所包围，且生命力强韧，素有"避火树"之美称。因此，它通常象征着坚忍刚强、不为外界环境变化而迷惑动摇的干练职场中人的形象。

日常可在办公室摆放苏铁盆栽，它能帮你挡邪避煞、防范小人，助你事业发展顺利、步步高升。

虎尾兰

养护难度指数：★★★

- 花语：长寿。
- 花寓意：抗压耐磨，应变有方；事业发展顺利，步步高升。

虎尾兰为百合科虎尾兰属多年生常绿肉质草本，它有着"千岁兰"的别名，说明它对生长环境的适应能力很强，是一种坚韧不拔的植物。美国国家航空航天局有研究表明，虎尾兰还有着超强的抗辐射能力。

虎尾兰纤长的革质叶片为灰绿色，面上带有清晰的虎尾状斑纹，故得名"虎尾兰"。它的叶片狭长柔韧、硬挺厚实，从不随风摇曳，稳定性良好。虎尾兰的种种坚韧特质反映在职场中的表现，就是无论身处何样的环境都能适应，压力来临也能适时化解，抗压耐磨，应变有方。据说把虎尾兰摆放在接待来宾的会客室或会议桌上，其刚正的形象还可促进生意会谈的成功。

日常可在办公室、会客室、会议室摆放虎尾兰盆栽，它能助你事业发展顺利、步步高升。

风信子

养护难度指数：★ ★ ★

■ **花语：** 风信子：胜利、竞技，只要点燃生命之火，便可同享丰盛人生。

粉风信子：倾慕、浪漫。　　　　白风信子：不敢表露的爱。

红风信子：让我感动的爱。　　　蓝风信子：恒心、贞操。

黄风信子：幸福、美满、竞争。　紫风信子：悲伤。

■ **花寓意：** 象征着"友谊"，与朋友之间有稳定良好的合作关系；事业发展顺利、步步高升。

　　美丽养眼的球根植物风信子是一种象征着"友谊"的花朵，它有一句动人的花语为"只要点燃生命之火，便可同享丰盛人生"。希腊神话中传说宙斯的外孙海辛瑟斯是希腊的植物神，为一俊美少年。太阳神阿波罗和西风神泽费罗斯都与他非常要好，然而海辛瑟斯只与阿波罗亲近，他们一起去打鱼，狩猎，进行各种体育活动，西风神甚为妒忌。有一回阿波罗与海辛瑟斯一起掷铁饼，阿波罗先掷，海辛瑟斯在一边等着。西风神乘机改变了铁饼的轨迹，将它吹向海辛瑟斯，结果打破了海辛瑟斯的前额。阿波罗想尽一切办法挽救海辛瑟斯的生命，可是无济于事。在鲜血染红的土地上长出了一株风信子，太阳神就将其命名为海辛瑟斯（Hyacinthus），以纪念好友。

　　身为职场中人，懂得珍惜友谊，能够与他人诚挚沟通，人脉关系自然就活络。与朋友之间如有稳定良好的合作关系，则如虎添翼，得人气相助，升迁前景也将持续看好。

　　除此以外，黄色风信子还有着"竞争"的花语，是1月16日的生辰花，受到这种花祝福而生的人有积极进取的性格，能不断地自我鞭策力求进步，处事有计划有谋略，沉着应战，是一个很好的领导者。

　　日常可在办公室摆放风信子盆栽，也可水培，或用其切花随意制作花艺小品，都能助你事业发展顺利、步步高升。

向日葵

养护难度指数：★ ★ ★

■ **花语：** 光辉、高傲、忠诚、爱慕，勇敢地去追求自己想要的幸福，沉默的爱。

■ **花寓意：** 光明使者，积极向上的生命热情，如向日葵追随太阳般的工作热诚；事业发展顺利、步步高升。

向日葵朝阳盛开，它那金黄明亮的硕大花朵犹如光明使者，洋溢着积极向上的生命热情，浑身散发出温暖活力。如将这样的特质反映在职场上，必定成为受注目的角色——健谈、开朗且亲和力十足，人际关系方面也能游刃有余；磊落大方的姿态威仪不减，上得了台面，具备领导之风，让团队如向日葵追随太阳般发挥强大向心力，创造出耀眼夺目的工作成果。这等优秀人才，只要坚持奋斗努力不懈，鲤鱼跃龙门必将指日可待。

说到向日葵，恐怕很多人都会想起凡高笔下的名画。1888年，已35岁的凡高从巴黎来到法国南部小城阿尔，寻找能够把他压抑黯淡的心灵照亮的灵感之源，最后，他迷恋上了向日葵。在他眼里，向日葵不是寻常的花朵，而是太阳之光，是光和热的象征，是他内心翻腾的感情烈火的写照。一个人希望自己的人生有所建树，就必须要找到衷情热爱的事业方向，并全身心投入为之付出如向日葵追随太阳般的工作热诚，那么，美好光明的前程将尽在掌握之中。

日常可在办公室摆放向日葵盆栽，或用其切花随意制作花艺小品，都能助你事业发展顺利、步步高升。

睡莲

养护难度指数：★★★

■ 花语：清纯的心、信仰、淡泊。

■ 花寓意：圣洁、庄严与肃穆，深厚的文化底蕴，无限的智慧与活力。

睡莲又名子午莲，为睡莲科多年生水生花卉。

美丽的睡莲是泰国的国花，泰国是一个佛教国家，而莲与佛有着千丝万缕的联系，无论是如来佛所坐或观世音站立的地方，都有千层莲花。因此，睡莲象征着圣洁、庄严与肃穆，有着深厚的文化底蕴。

此外，睡莲的花瓣昼开夜合，闭合时宁静内敛、圆熟含蓄，绽放时花朵光华四射，象征着无限的智慧与活力。所以，在同样以睡莲为国花的埃及，人们视睡莲的开合为不可思议的生命力。

睡莲浮水而生，姿态悠然自在，香气恬淡清净，大有君子之风。身为职场中人，亟待培养的便是这种如睡莲般的处世智慧，有着阅尽世事后的悠然淡定气度沉稳，即使面对重重挑战也能气定神闲临危不乱。如是，在事业征程上定能所向披靡，无往不胜。

睡莲为水生植物，但切花应用也很普遍。可用其切花布置成花艺小品摆放于办公室，助你事业发展顺利、步步高升。

观音莲

养护难度指数：★★★★

- 花语：深厚的情感、恋家，永恒的爱。
- 守护星座：巨蟹座，观音莲温和含蓄，给人温暖、安全之感，就像个性保守、恋家的巨蟹座一样。
- 花之星占：会增加居住环境的福气和拥有者的运气，与人相处的亲和力。
- 花寓意：象征着亲和善意中不失察察神威的菩萨形象，刚正无私、时时解人危难；事业发展顺利、步步高升。

　　天空的回音壁

　　只炸鸣着

　　　　滴

　　　　答

　　从何朝宗指间坠下

　　那一颗畅圆的智水

　　穿过千年，犹有

　　　　余温

　　这是舒婷为明代艺术大师何朝宗的瓷塑杰作"滴水观音"创作的诗歌。滴水观音的形象在我们这个佛教文化影响力深厚的国度里，大家都不陌生，但你可知道有一种绿植的名字也叫"滴水观音"？

　　观音莲为天南星科海芋属常绿多年生草本植物，因为它在温暖潮湿、土壤水分充足的生长条件下，便会从叶尖端或叶边缘向下滴水，好似观音手上的玉净瓶中滴下的甘露，而且开出的花外裹纯白色的佛焰苞，如白衣观音伫立水岸，因此被形象地称为"滴水观音"。此外它还有类似的别名叫做滴水莲、观音莲或佛手莲。

　　观音大士无论在中国的传统佛教或民间信仰中都有着崇高的地位，不但法相慈悲庄严、法力广大无边，她坚卓刚毅、泽被芸芸众生、救人于水火苦难之中的事迹更显得

功德无量，故而受人景仰传颂。观音莲有着简洁利落的外形，澄净脱俗的气质，通体可谓朴实无华，却又光彩炯炯足可鉴人，引人联想起亲和善意中不失凛凛神威的菩萨形象，实在不足为怪。

观音莲的嫩叶初生时卷曲而后才舒展开来，象征着职场中人能屈能伸方有可为。夏季高温时节，观音莲进入休眠状态，由地下块茎储备养分，蛰伏沉潜等待着秋凉后重新萌发，这也同样象征着人在职场须能随时自我调适，避免心浮气躁按捺不定而随波逐流。职场上竞争激烈乃是老生常谈，能够独善自持、明哲保身已属不易，如果还愿意做到刚正无我、时时解人危难，那更是难得的高尚品行。所以当你为了工作锱铢必较汲汲营营之时，千万不要忘记了观音莲所象征的义理，那么未来的辉煌成就或许就在这一步一个脚印的过程中渐渐积累。

日常可在办公室摆放观音莲盆栽，也可水培，都能助你事业发展顺利、步步高升。

茉莉花

养护难度指数：★★★

■ 花语：亲切。

■ 花寓意：友谊、团结、和睦，良好的亲和力。

纯白娇小的茉莉花，总是在夏天的夜晚悄然绽放，清香脉脉，有着谦逊淡雅的特质，是一种象征着友谊、团结、和睦的花朵。

我国民间有个关于茉莉的有趣传说：在明末清初，苏州虎丘住着一户赵姓农民，有三个儿子，生活贫苦。有一年赵老汉回家，带回一捆开白色香花的树苗，把它栽在大儿子的茶田边上。第二年，大儿子惊奇地发现，田里的茶枝全都带有小白花的香气，他把茶叶采下带到苏州城里去卖，结果发了大财。两个弟弟得知后，找哥哥算账，兄弟间一直吵闹不休。乡里有位老隐士名叫戴逵，劝解他们说："你们三人是亲兄弟，应该亲密无间，不能只为眼前一点点利益，闹得四分五裂。今后你们应该兄弟团结一致，合力繁殖发展这些香花，如果都自私自利，就办不成事情。为了要你们能记住我的话，我为你家的香花取个名，就叫末利花，意思就是为人处世，都要把个人私利放在末尾。"兄弟三人听了戴老夫子的话，深受感动，回家以后，和睦相处团结生产，从此生活一年比一年富裕起来。

"好一朵美丽的茉莉花，芬芳美丽满枝丫，又香又白人人夸，让我来将你摘下，送给别人家。"这一曲朗朗上口的江苏民歌，同样也在为我们传达着"好东西要与好朋友"分享的理念。

珍视友谊，细心体贴，默默耕耘付出，具备亲和力，善与他人和睦相处，乐于分享，又有哪位老板、哪位同事不希望遇上这样的工作伙伴呢？在职场上，拥有如茉莉花般良好的亲和力，定能为你创造出无数次事业发展的好机缘。

日常可在办公室摆放茉莉花盆栽，能助你事业发展顺利、步步高升。

百日草

养护难度指数：★★★

- 花语：思念亡友，友谊天长地久。

  百日草（洋红色）：持续的爱。

  百日草（绯红色）：恒久不变。

  百日草（白色）：善良。

  百日草（黄色）：每日的问候。
- 花寓意：步步高升，力争上游。

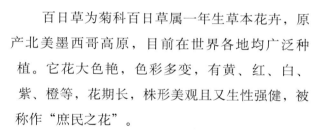

百日草为菊科百日草属一年生草本花卉，原产北美墨西哥高原，目前在世界各地均广泛种植。它花大色艳，色彩多变，有黄、红、白、紫、橙等，花期长，株形美观且又生性强健，被称作"庶民之花"。

百日草的花期很长，从6月至9月都能陆续开放。而且更有趣的是，它的第一朵花开在顶端，然后侧枝顶端开花比第一朵开的更高，所以又有别名叫做"步步高"。作为一种颇具青春时尚感的俏丽草花，百日草尤其适合年轻花友。初入职场的你，见到百日草开花一朵更比一朵高，或许会被它激发起强烈的上进心，从而在工作中更加努力敬业，积极开发自己的潜能，去力争上游吧。

日常可在办公室摆放百日草盆栽，能助你事业发展顺利、步步高升。

爱情甜美好姻缘

玫瑰

养护难度指数：★★★

■ 花寓意：爱情甜美婚姻幸福。

啊，我的爱人像一朵红红的玫瑰，

它在六月里初开，

啊，我的爱人像一支乐曲，

美妙地演奏起来。

······

这是英国诗人罗伯特·彭斯关于玫瑰与爱情的唯美诗篇。提起蔷薇科蔷薇属的落叶灌木玫瑰，所有人都知道，它是经典的"爱情之花"。

希腊神话中有不少关于玫瑰的动人传说：众神之王宙斯为了炫耀自己的神力，在海浪之中挑出两个晶莹剔透的泡泡，分别变成象征着"爱情"的人与物，一个是维纳斯女神，另一个便是玫瑰；当女神维纳斯从大海里诞生时，诸神围绕在她身边，从空中纷纷扬扬撒下无数粉、白颜色的玫瑰花。因此，玫瑰是与维纳斯一同降临世间、同样象征着爱与美的花朵。有一天，维纳斯为了救自己的情人阿多尼斯，奔跑着穿过玫瑰花丛，手上、脚上、腿上都被玫瑰的刺儿刺破了，鲜血滴在花朵上，把白玫瑰染成了红玫瑰，爱神的壮举从此让红色的玫瑰成为炽热爱情的代表。

公元前6世纪，希腊诗人阿纳克里翁曾为玫瑰献上如是赞誉——"百花的荣誉和魅力，春天的欢乐和忧愁，诸神的极乐快感"，而他的一个学生后来又说："玫瑰是凡人的幸福，诗人的欲念，缪斯的宠花"。

玫瑰品种繁多，有着金牌级的园艺观赏价值。可于庭院中孤植、丛植及片植，爬藤品种需设置木质、铁艺攀缘花架，观花期也可在客厅、餐厅、卧室等处摆放玫瑰盆栽，对家居起到很好的装饰作用，或用其切花随意制作漂亮的家居花艺小品，都有祝福爱情甜美、婚姻幸福的含义。另外，它还是情人节、结婚纪念日、恋人生日最相宜的温馨小礼，用它赠送新婚伉俪也非常适合。

玫瑰花语

红玫瑰 代表热情真爱；

紫玫瑰 代表浪漫真情和珍贵独特；

黑玫瑰 代表温柔真心；

蓝玫瑰 代表敦厚善良；

黄玫瑰 代表珍重祝福和嫉妒失恋；

白玫瑰 代表纯洁天真；

橘红色玫瑰 代表友情和青春美丽；

粉玫瑰 代表永远的爱。

1朵 一见钟情、你是我的唯一、对你情有独钟、心中只有你

2朵 你侬我侬、心心相印、眼中世界只有我俩

3朵 我爱你、甜蜜蜜

4朵 誓言、承诺、山盟海誓

5朵 无怨无悔

6朵 顺心如意、顺利、永结同心、愿你一切顺利

7朵 天天想你、相逢知心、求婚、祝福、喜相逢、祝你幸运、无尽的祝福

8朵 珍贵弥补、歉意、弥补、深深歉意、请原谅我

9朵 天长地久、长相厮守、长相守、坚定、彼此相爱久长、永久的拥有、坚定的爱

10朵 十全十美、完美的你、完美的爱情、全心投入

11朵 最爱、最爱的你、双双对对、一心一意、今生最爱还是你、爱情、我只属于你

12朵 比翼双飞、求婚、圆满组合、心心相印、全部的爱、每日思念对方

13朵 你是我暗恋中的人

17朵 伴你一生

18朵 青春美丽、盛开的花朵

19朵 爱的最高点

20朵 两情相悦、一生一世、永远爱你、此情不渝

21朵 最爱

22朵 两情相悦、双双对对

24朵 思念

30朵 请接受我的爱

33朵 我爱你、非常爱你、深情呼唤我爱你、我爱你三生三世

36朵 我心属于你、我的爱只留给你、浪漫心情全因有你

44朵 至死不渝、山盟海誓、恒古不变的誓言

48朵 挚爱

50朵 无怨无悔、这是无悔的爱

51朵 我心中只有你

56朵 吾爱

57朵 吾爱吾妻

66朵 顺利、事事顺利、情场顺利、六六大顺、细水长流、情场如意、真爱不变

77朵 喜相逢、求婚、情人相逢、相逢自是有缘

88朵 弥补歉意、用心弥补一切的错

99朵 长相厮守、坚定不移的信念、天长地久、地老天荒、永恒的爱, 知心相爱恒久
    远、爱情无敌、友情长存

100朵 白头偕老、百年好合、爱你亿万年、百分之百的爱、执汝之手, 与汝偕老

101朵 直到永远、无尽的爱、唯一的爱、你是我唯一的爱

108朵 求婚、嫁给我吧、无尽的爱

111朵 无尽的爱

123朵 爱情自由、自由之恋

144朵 12 x 12爱你日日月月生生世世

365朵 天天想你、天天爱你

999朵 天长地久、爱无止休、长相厮守、至死不渝、无尽的爱

1001朵 忠诚的爱、至死不渝、直到永远

百子莲

养护难度指数：★ ★ ★

■ 花语：恋爱造访，爱情降临。

■ 花寓意：爱情甜美婚姻幸福。

　　百子莲的花名来自于希腊语"爱之花"，花语是"恋爱造访"或"爱情降临"，所以说它是充满着神秘和浪漫色彩的爱情之花。

　　百子莲为石蒜科球根植物，生性强健，栽培管理容易。每到春夏之交，它就从碧绿的叶丛中抽出亭亭玉立的花茎，蓝紫色的伞形花序在雨水的滋润下盛开，远观宛如朵朵硕大的紫色花球，近看又好像灿烂的烟花绽放，典雅而梦幻，令人着迷，为你传递着爱的信息。

　　百子莲优雅的花形十分适合做切花观赏，切花的时间尽量选在清晨为宜，注意切口会流出多量的黏液，若直接暴露于空气中干燥，对吸水性会有不良影响，所以剪下花梗后应立即插水，瓶插寿命为7～10天。

　　百子莲可于庭院中孤植、丛植及片植，观花期也可在客厅、餐厅、卧室等处摆放盆栽，起到很好的装饰作用，或用其切花随意制作漂亮的家居花艺小品，有祝福爱情甜美、婚姻幸福的含义。另外，它还是情人节、结婚纪念日、恋人生日最相宜的温馨小礼，用它赠送新婚伉俪也非常适合。

郁金香

养护难度指数：★ ★ ★

■ 花语：红色郁金香：爱的告白。

白色郁金香：失恋中。

黄色郁金香：渴望的爱。

紫色郁金香：永恒的爱、恋情。

粉色郁金香：你真美丽。

■ 花寓意：爱情甜美婚姻幸福。

郁金香为百合科球根花卉，是荷兰的国花，荷兰人把郁金香视为美好、庄严、华贵和成功的象征。在荷兰，还流传着关于郁金香的动人传说：相传在古欧洲时代，有一位美丽的少女，同时受到三位英俊的骑士爱慕和追求，一位送她皇冠，一位送她宝剑，一位送她黄金。少女非常忧愁不知该如何抉择，只好向花神求助。花神于是把她变成一株郁金香，皇冠变成花蕾，宝剑变成叶子，黄金也变成了球根，就这样同时接受了三位骑士的爱情，而郁金香从此也成为爱的化身。

郁金香的花期在春季，花朵有杯形、碗形、百合花形、重瓣等多种形状，花色包括红、白、橙、黄、紫、复色等，非常丰富。不同花色表达的花语也各不相同，但几

乎都与爱情有关。它的花朵明媚高贵，株形优雅大方。因此，成为观赏装饰效果绝佳的世界名花。

郁金香品种繁多，有着金牌级的园艺观赏价值。可于庭院中孤植、丛植及片植，观花期也可在客厅、餐厅、卧室等处摆放郁金香盆栽，起到很好的装饰作用，或用其切花随意制作漂亮的家居花艺小品，有祝福爱情甜美、婚姻幸福的含义。另外，它还是情人节、结婚纪念日、恋人生日最相宜的温馨小礼，用它赠送新婚伉俪也非常适合。

百合 养护难度指数：★★★

- **花语：** 百合：纯洁、百年好合、心心相印。

  白百合：纯洁、庄严。

  姬百合：财富、荣誉、清纯、高雅、快乐。

  火百合：热烈的爱。

  黄百合：衷心祝福。
- **花寓意：** 百年好合，百事合心；纯洁祥瑞。

百合为百合科百合属一类植物的总称，它花色鲜艳，花姿雅致，挺拔娟秀，是著名的球根花卉。百合的地下鳞茎是由二三十片鳞片叠合，故得名"百合"，片片相扣紧连的形态，诉说着团结、友好、齐心协力的含义。对于国人来说，百合的花名，素有"百年好合"之意，用来表达夫妻感情和谐美满、彼此依靠、互相支持、携手共创幸福家庭的美好祝愿。此外，它也包含有"百事合心"的吉祥寓意在其中。

在西方国家，百合花被誉为"天堂之花"，是圣洁的象征，也是祥瑞之物。在《圣经》当中，百合花是被逐出伊甸园的夏娃所流出的悔恨伤心的眼泪落在地上后长出的。因此，在复活节那天，洁白美丽的百合花，是装饰祭坛必不可少的花儿，也是用来献给圣母的花儿。耶稣也曾将百合花作为给信徒们的礼物，象征忠贞与纯洁。在中世纪的许多圣母画像中，百合花都画成既没有雄蕊，也没有雌蕊，意味着没有任何性的邪念。当时欧洲流行的社会风尚，女子穿白色衣裳，手里拿一枝百合花，即表示高尚与贞洁。

俄国大诗人普希金曾赞美百合花为"永不凋谢的美丽的生命力的象征"。百合也是花店里常见的鲜切花品种，它清雅、秀丽，又如上所述象征着纯洁与祥瑞。因此，无论在东方还是西方，都是婚礼上新娘捧花的常选。

　　百合花品种繁多，有着金牌级的园艺观赏价值。可于庭院中孤植、丛植及片植，观花期也可在客厅、餐厅、卧室等处摆放百合盆栽，起到很好的装饰作用，也可用它的切花随意制作漂亮的家居花艺小品，有祝福爱情甜美、婚姻幸福的含义。另外，它还是情人节、结婚纪念日、恋人生日最相宜的温馨小礼，用它赠送新婚伉俪也非常适合。

雏菊

养护难度指数：★ ★ ★

■ 花语：离别、坚强愉快、幸福、纯洁、天真、和平、希望、美人。

永远的快乐，传说森林中的精灵贝尔蒂丝就化身为雏菊，他是个活泼快乐的淘气鬼。

你爱不爱我？因此，雏菊经常是暗恋者送的花。

■ 花寓意：占卜爱情。

雏菊又名延命菊，为菊科多年生草本植物，也是一种在年轻花友中流行度很高的时尚草花。

雏菊有着"幸福、纯洁"的花语，是天真烂漫的纯情少女之花。在西方国家，雏菊常常被用来占卜爱情。把雏菊的花瓣一片一片剥下来，每剥下一片，在心中默念：爱我，不爱我。直到最后一片花瓣，即代表爱人的心意。除了占卜爱情，另外还有一种用雏菊来占卜婚姻的方法是：如果你想知道自己在什么年岁结婚，只要随手拔起一把花，看看当中有几朵雏菊，雏菊的数目便是距离结婚日的年数。

雏菊可于庭院中丛植、片植，盆栽也可用于装饰家居阳台、客厅、餐厅等处，都有祝福爱情甜美的含义。另外，它还是情人节、恋人生日最相宜的温馨小礼。

熏衣草

养护难度指数：★★★

■ 花语：等待爱情，清雅、女人味。
■ 花寓意：爱情甜美婚姻幸福。

熏衣草是一种著名的香草，原产于地中海地区，又名"宁静的香水植物"。

生性浪漫的欧洲人格外迷恋熏衣草，他们相信熏衣草就是真爱的象征，因此在民间，用熏衣草祈求和占卜爱情的习俗俯首皆是。比如在英国的伊丽莎白时代，情人之间常常互赠熏衣草来表达爱意，这个时期的英国国王查理一世就是个典型的多情种，他在追求情人时，曾将一袋干燥的熏衣草，系上金色的缎带，送给自己心爱的人。而在爱尔兰，当地人则将熏衣草绑在桥上，以祈求好运到来。除此以外，还有用熏衣草来熏香新娘礼服，或者在婚礼上撒熏衣草小花的做法，都可以带来幸福美满的婚姻。更加神乎其神的是，据说放一小袋干熏衣草在身上，可以让你找到梦中情人；还有当你和情人分离时，可以藏一小枝熏衣草在情人的书里面，在你们下次相聚时，再看看熏衣草的颜色，闻闻熏衣草的香味，就可以知道情人有多爱你，如此等等。

熏衣草可于庭院中丛植、片植，盆栽也可用于装饰家居阳台、客厅、餐厅、卧室等处，都有祝福爱情甜美、婚姻幸福的含义。另外，它还是情人节、结婚纪念日、恋人生日最相宜的温馨小礼，也很适合用它赠送新婚伉俪。

幸福树

养护难度指数：★★★

■ 花语：幸福、平安，福禄双全。

■ 花寓意：爱情甜美婚姻幸福。

"我的爱就像一棵幸福树，你的心就像温暖的乐土。幸福树，幸福树，我有了你就不会受苦，幸福树，幸福树，你给我保护我给你祝福。"你听过那英唱的那首《幸福树》吗？你可知道有一种小绿植它的名字就叫做"幸福树"？

幸福树其实是紫葳科菜豆树属的落叶乔木菜豆树，它是夏威夷的代表树，因为当地人信仰它可以带来幸福，所以很多人把它的大型落地盆栽摆在家门前。菜豆树被引进我国以后，花商们为了迎合花友祈福、求平安的心理，就干脆直接叫它幸福树或者平安树了。有好名字的吉祥植物都很讨人喜欢，你可以将幸福的心愿写成卡片，挂在树上，这种祈福的方法也是当下流行的时尚。

幸福树形态优美，它的羽状复叶青翠光洁，带着金属般的光泽，树皮浅灰色有深纵裂纹。整个植株树影婆娑，好像一把撑起的绿色遮阳伞，所以它有一个形象的别名就叫做"接骨凉伞"，也颇有热带风情。

幸福树的大型落地盆栽可用于装饰客厅，小型迷你盆栽则适合摆放于卧室床头、桌面等处欣赏，都有祝福爱情甜美、婚姻幸福的含义。另外，它还是情人节、结婚纪念日、恋人生日最相宜的温馨小礼，也很适合用它赠送新婚伉俪。

勿忘我

养护难度指数：★★★

■ 花语：不要忘记我，浓情厚谊，永恒的友谊。

■ 花寓意：对爱情忠贞不弃和永不变心。

似乎没有什么人不知道勿忘我花，如果没见过实物，至少对这个深情而浪漫的花名也耳熟能详过目不忘。是的——勿忘我，Forget-me-not，仅仅因为这个动人的名字，它就当之无愧地成了"花中的情种"。

勿忘我是紫草科补血草属一二年生草本植物，它有着漂亮的杯状花萼，而花朵是难得一见的在花萼中央5枚花瓣的蓝色星形小花，因此有个美丽的别名叫做星辰花。另外，虽然它的花朵细小而纤弱，但即便失去最后一滴水分，变成干枯的一枝，艳丽的蓝紫花穗却永不凋谢，于是人们又叫它不凋花。正因为这点，年轻的恋人们喜欢互赠成束的勿忘我，希望那永不凋零的花朵和天空一样明亮的色泽，能表达出自己永不变心的款款深情，于是对爱情忠贞不弃和永不变心也就成了勿忘我的花语。

关于勿忘我的来历，在德国有一个古老的传说：有一天骑士鲁道夫和爱人贝儿达，并肩漫步在风景优美的多瑙河畔，沿岸开放着一丛丛可爱的蓝色小花。贝儿达很喜欢，于是鲁道夫便不顾危险倾身去摘花，没想到竟然一失足落入急流中。他奋力挣扎却终究不敌湍急的河水，贝儿达焦急无助地在岸边追寻着鲁道夫奔跑，绝望的鲁道夫对着贝儿达喊了句："不要忘了我！"便沉入水中消失了。从此，那可爱的蓝色小花，便被称为"勿忘我"。

勿忘我是优良的鲜切花和干花材料，日常可在客厅、餐厅、卧室等处摆放插花或花艺小品，不仅起到很好的装饰作用，还有祝福爱情甜美、婚姻幸福的含义。另外，它还是情人节、结婚纪念日、恋人生日最相宜的温馨小礼，用它赠送新婚伉俪也非常适合。

红豆

养护难度指数：★★★

■ 花寓意：爱情甜美婚姻幸福。

"红豆生南国，春来发几枝。愿君多采撷，此物最相思。"唐朝大诗人王维对红豆的咏颂可谓千古绝唱。诗中所说的红豆是含羞草科木本植物海红豆树，又名孔雀豆。它们多生长在我国广东、广西、云南西双版纳等地，每年5月开花，10月种子成熟。相传古代有位少妇，因思念外出征战死于边塞的夫君，朝夕倚于门前树下恸哭，泪水流干了，眼里流出了血，血泪染红了树根，后来树上就结出了许多代表相思之情的红豆。仔细观察你会发现，海红豆的种子红而发亮，从不褪色，看起来就像一粒心形的红宝石。它的红色是由边缘向内部逐步加深的，最里面特别艳红的部分又呈心形，真是大心套小心，心心相印。所以海红豆也被人们叫做相思豆，而成为爱情的象征及信物。

因为寓意美好，我国民间流传着不少佩戴相思红豆的习俗。如少男少女用五色线将相思红豆穿成项链、手环，佩戴身上，心想事成；佩戴手上，得心应手，或用以相赠，增进情谊，让爱情永久。男女婚嫁时，新娘在手腕或颈上佩戴鲜红相思豆穿成的手环或项链，象征着男女双方心连心白头偕老。夫妻在枕下各放6颗许过愿的相思红豆，可保夫妻同心百年好合。此外，还有用红豆祈福的法子，如将许过愿的红豆佩戴身上，称为随心所愿。农历年中有较差的月份，佩戴红豆则可以祛邪避讳等等。

除了海红豆，还有两种同样多见的红豆常被人们混为一谈。一是豆科金合欢属的相思子，又名台湾相思，为缠绕藤本或攀缘灌木，它的种子椭圆形，上部朱红色，有光泽，但脐部为黑色，有剧毒，可入中药用。一是红豆杉科红豆杉属的东北红豆杉，种子成熟时为倒卵圆形，为浓红色的肉质浆果。东北红豆杉不仅是园林、庭院绿化的佳品，经过矮化技术处理后还可制成盆景，造型古朴典雅，枝叶紧凑而不密集，舒展而不松散，具有独特的观赏价值。

海红豆树可于庭院中栽植，有祝福爱情甜美、婚姻幸福的含义。另外，用红豆制作的项链、手环还是情人节、结婚纪念日、恋人生日最相宜的温馨小礼，用它赠送新婚伉俪也非常适合。

小贴士

红豆心语

1颗代表"一心一意"

2颗代表"相亲相爱"

3颗代表"我爱你"

4颗代表"山盟海誓"

5颗代表"五福临门"

6颗代表"顺心如意"

7颗代表"我偷偷地爱着你"

8颗代表"深深歉意，请你原谅"

9颗代表"永久的拥有"

10颗代表"全心投入的爱你"

11颗代表"我只属于你"

51颗代表"你是我的唯一"

99颗代表"白头到老，长长久久"

100颗代表"百年好合"

119颗代表"对你不离不弃"

199颗代表"爱要久久"

365颗代表"爱你每一天"

520颗代表"我爱你"

999颗代表"我心永恒"

1314颗代表"爱你一生一世"

1999颗代表"爱要久久久"

求子助孕人丁旺

千日红

养护难度指数：★ ★ ★

- **花语：** 永恒的爱情、不朽。
- **花寓意：** 多子多孙，早生贵子。

苋科的千日红，又有别名叫做圆仔花。它有着球状的花序，由无数圆形饱满的小花聚合而成，花色多为鲜红或紫红，十分讨喜，花瓣带有如纸般的质感，花期长久。

在我国民间，千日红是最吉祥的陪嫁花之一，因其种子繁多，到处飘散皆有生机，因此有多子多孙的祝福象征。儿女婚嫁时通常以扁柏铺底，再放置千日红的花盘来表示福佑子孙、儿孙满堂之意。用鲜红色的千日红"点红"也是传统婚礼习俗，父母为新嫁娘点红在嫁妆上，希望新人迈入婚姻，面对新的关系与环境时能顺利适应，也表达了娘家的祝福和祈愿。千日红还是少女初长的守护花，是七夕祭祀的主要花材，与鸡冠花互为男女成长的象征花卉，带有"欲为人摘，共结连理"的含蓄象征，用它做成的花束有祝愿"有情人终成眷属"的含义。希腊的少女则以千日红或鸡冠花相赠心仪的勇士，代表不死的祝福，也表达娇羞以对、情投意合的爱意。

此外，千日红的栽培对土壤、肥水要求不严，管理粗放，属于好种易养的懒人植物，很值得推荐给新婚夫妇，相信它能给你们带来"事半功倍"的喜悦。

千日红可于庭院中丛植、片植，盆栽也可用于装饰家居阳台、卧室等处，都可增进求子运势。另外，也可以把它作为贺礼赠送新婚伉俪，寓意"早生贵子"。

萱草

养护难度指数：★★★

■ 花语：爱的忘却，放下忧愁，隐藏起来的心情。

■ 花寓意：象征着母爱，早生贵子，特别象征着生男孩。

萱草是百合科多年生宿根草本，自古以来它就是中国人的母亲之花。古有"北堂幽暗，可以种萱"的说法，北堂即代表母亲之意。古时候当游子要远行时，就会先在北堂种萱草，希望母亲减轻对孩子的思念，忘却烦忧。唐朝诗人孟郊也曾写有《游子诗》："萱草生堂阶，游子行天涯；慈亲倚堂门，不见萱草花。"

象征着母爱的萱草还有另一个意味独特的别名叫做宜男草。我国古代民间传说，妇女怀孕时，在胸前插上一枝萱草花就会生男孩，故名宜男。而晋朝《风土记》也有相关的记载："宜男，草也，高六尺，花如莲。怀妊人带佩，必生男。"在许多古典诗词中我们也能找到宜男之草的踪影，比如唐玄宗时，兴庆宫中栽种了多种萱草，于是就有人做诗讥讽说："清萱到处碧鬖鬖，兴庆宫前色倍含；借问皇家何种此？太平天子要宜男。"唐朝诗人李贺曾写有"二月饮酒采桑津，宜男草生兰笑人，蒲如交剑风如薰。"的诗句，另一位唐朝诗人于鹄也有诗曰："秦女窥人不解羞，攀花趁蝶出墙头。胸前空带宜男草，嫁得萧郎爱远游。"

萱草的园艺品种极多，有大花型、小花型和重瓣型，杂交品种花色有淡黄、橙红、淡雪青、玫红等，有些珍贵的品种单茎可开四、五十朵花，如此千姿百态，绚丽多彩，可谓极具观赏性的名花佳卉。萱草适合庭院中孤植、丛植或片植，盆栽也可用于装饰家居阳台、卧室等处，都可增进求子运势。另外，也可以把它作为贺礼赠送新婚伉俪，寓意"早生贵子"。

枣树

养护难度指数：★★★

- 花语：富贵、吉祥、早生贵子。
- 花寓意：早生贵子。

枣树是一种生长在温带地区的小乔木，原产于我国。红枣又名大枣，是一种营养佳品，有着"百果之王"、"天然维生素丸"的美誉。

在我国传统的民俗民情里，红枣可说的话题很多。"枣"谐音"早"，结果累累，寓意"早生贵子、子孙兴旺"。在我们身边最为常见的，每一场正宗的中国式婚宴上都必不可少要上一道象征"早生贵子"的甜品，红枣、花生、桂圆、莲子就是其中的四大物件。此外在我国的许多地方，新婚之夜，婆母把大红枣扔进洞房，新郎、新娘抢着下炕拣枣，叫着送子枣，双方吃了枣儿，同样象征早生贵子。还有回门时新郎要给岳父家带离母糕，这离母糕的四边和中心要镶嵌5颗红枣，其意义呢，当然也还是象征着早生贵子。

日常可在庭院中栽种枣树，也可摘取果实摆放卧室中，寓意"早生贵子"，都可增进求子运势。

石榴

养护难度指数：★ ★ ★

■ 花语：石榴花：成熟之美。

石榴果：愚蠢、富裕。

■ 花寓意：多子多孙、人丁兴旺。

石榴婆婆，宝宝最多。

一个一个，满屋里坐。

哎哟哎哟，把屋挤破！

读到这首饶有趣味的童谣，你是否会忍俊不禁？

"红榴多结子"，在秋季里朱实星悬的石榴果，有史以来就是国人眼中的吉祥之果。因为石榴果能结"万子同苞"，代表了多子多孙、人丁兴旺的福祉，因而在民间历来为新婚伉俪所钟爱。年画《百子图》，就是一个胖娃娃怀抱绽开果皮的大石榴；燕尔新婚的青年，洞房里要悬挂两个大石榴，摆一对绣有大石榴的枕头，以祈愿早得贵子，亦是风行的民俗。

日常可在庭院中栽种石榴树，盆栽也可用于装饰家居阳台、卧室等处，都可增进求子运势。另外，也可以把它作为贺礼赠送新婚伉俪，寓意"早生贵子"。

康乃馨

养护难度指数：★★★★

■ 花语：康乃馨（白色）：怀念亡母。
　　　　康乃馨（红色）：祝你健康长寿。
　　　　康乃馨（桃红色）：永远年轻美丽。
　　　　康乃馨（黄色）：热爱着你。
　　　　康乃馨（紫色）：侮蔑、拒绝你的爱。
■ 花寓意：象征着慈母之爱；也可寓意"早生贵子"。

在缤纷的花世界里，有一种象征着慈母之爱的花，它就是康乃馨，也叫石竹花。

说起来，我们大家对康乃馨的熟悉，多半是由于那个现在已经家喻户晓年年必过的母亲节，而康乃馨是母亲节不可或缺的代表性花卉。关于它的来历，则要追溯到1907年的5月，在美国有一位名叫安娜贾维斯的女士在母亲逝世的追悼会上，献上了一束康乃馨花。后来，她认为所有的人都应该选定特别的一天来思念亲情，回报亲恩。经过她的四处陈请和大力呼吁，终于在1909年5月，美国国会通过决议，把每年5月第二个星期日定为母亲节。1934年5月，美国又首次发行了母亲节纪念邮票，邮票上一位慈祥的母亲，双手放在膝上，欣喜地看着

眼前的花瓶中一束鲜艳美丽的康乃馨。随着邮票的传播，许多人便把母亲节与康乃馨联系起来，这花儿便成为象征母爱之花，受到人们的敬重，康乃馨也成为赠送母亲不可缺少的珍贵礼品。

基督教中有这样的传说：康乃馨第一次出现在地球上是圣母玛丽亚到Calvary途中，由她的眼泪变成的。而在古代中国的民间，则流传着另一个关于康乃馨来历的故事，和基督教中的传说竟然有着某种惊人的相似：一位年迈的老母亲，为了治好体弱的儿子多年不愈尿床的疾病，翻山越岭四处寻找草药，然而3年过去了都没有结果，有一天疲惫伤心至极，禁不住老泪纵横，没想到眼泪落下的山石缝里长出一株粉红色的石竹花，这时花仙现身，告诉她说这花儿可以治好你儿子的病，回家一试果然如愿。原来是花仙被老母亲的一片爱子之心打动，所以才显灵帮忙的。

康乃馨可于庭院中丛植、片植，盆栽也可用于装饰家居阳台、卧室等处，或用它的切花随意制作漂亮的家居花艺小品摆放在卧室床头，都可增进求子运势。另外，也可以把它作为贺礼赠送新婚伉俪，寓意"早生贵子"。

葡萄

养护难度指数：★★★★

- 花语：酒醉的狂乱、慈善。
- 花寓意：多子多福、人丁兴旺、千秋万代、代代相传。

葡萄是我们大家都很熟悉的水果，为葡萄科落叶藤本植物，是世界上最古老的植物之一。我国栽培葡萄已有2000多年历史，相传为汉代张骞引入。

"水晶明珠"是人们对葡萄的爱称，因为它果色艳丽、汁多味美、营养丰富。果实含糖量达10%～30%，并含有多种微量元素，又有治疗神经衰弱及过度疲劳的功效。

葡萄也是我国民间非常常见的传统吉祥图案，因为葡萄只需种下一颗籽，就可以结出成千上万的果，果实串串莹润欲滴，寓意"多子多福、人丁兴旺"。葡萄的"蔓"和"万"谐音，藤蔓缠绕、盘曲绵长，也寓意着"千秋万代、代代相传"。另外，葡萄的藤蔓相缠，也象征着亲密缠绵，民间自古有葡萄架下七夕相会之说。而夫妻感情亲密无间，自然能增进求子运势，助小家庭早日添丁。

葡萄为爬藤果蔬，通常于阳台、露台、庭院中露天栽培，需设置木质、铁艺攀缘花架。

葫芦

养护难度指数：★ ★ ★ ★

- 花语：喜爱喝酒。
- 花寓意：多子多孙、子孙繁盛，福禄；
　　　　　代代相传，万代绵长。

　　葫芦为藤本植物，它结实累累，籽粒繁多，国人视其为象征多子多孙、子孙繁盛的吉祥植物。它藤蔓绵延，枝茎俗称为蔓带，谐音"万代"，同样寓意着代代相传、万代绵长。

　　在中华民族的历史中，葫芦被认为是人类的始祖而受到崇拜。在神话故事和民间传说里，葫芦始终与神仙和英雄为伴，被认为是给人类带来福禄、驱魔辟邪的灵物。很多神仙、神医也都身背葫芦或腰悬葫芦，如八仙中的铁拐李、寿星南极翁、济公和尚等。所以，葫芦自古以来就是福禄吉祥的象征，也是保家护宅的良品。

　　葫芦还是民间常用的风水道具，因为它嘴小肚大的外形，可以将好的气场收纳为己所有，也可以将坏的气场吸收殆尽，不至于造成危害，是辅佐风水布局、加强感应的绝佳道具。另外，葫芦的曲线外形带有S形的太极阴阳分界线的神奇功能，因此常在风水化煞中应用。

　　葫芦为爬藤果蔬，通常于阳台、露台、庭院中露天栽培，需设置木质、铁艺攀缘花架。它结的果实晾干后雕刻上吉祥文字或图案，也可摆放于卧室中，以增进求子运势。另外，也可以把这种吉祥葫芦作为贺礼赠送新婚伉俪，寓意"早生贵子"。

护宅驱邪家运畅

霸王鞭 养护难度指数：★★★

■ 花寓意：辟邪、驱灾、镇宅。

霸王鞭为大戟科大戟属常绿多浆植物。它的枝干四方六棱，多节相连，长短不一，浑身是刺，状甚威严，故而民间以名贯千古的霸王为之命名，实在是恰当极了。

除了霸王鞭这个俗名，也有人管它叫做金刚纂。这种仙人掌类植物的茎呈螺旋状并具刺，好似金刚手中握着的法器，又酷似麒麟。金刚是我国古代传说中的神灵，而麒麟也是传说中具有灵性的猛兽，象征福气、辟邪和吉祥如意。因此，霸王鞭被认为具有辟邪、驱灾、镇宅的作用。

在我国西南地区，金沙江下游一个叫一垅坎的地方，长着三棵高两丈的巨型霸王鞭，主干大如水桶，枝叶繁茂，根节盘旋。传说彝族的祖先为反抗压迫奋起作战，作为头领的三兄弟，就是在这里流尽了最后的热血，却死而不倒，变做了这三棵霸王鞭，人称"三佛祖"。

霸王鞭生命力十分顽强，无论种在哪里都能四季常绿。它还是民间一味常用中药，可祛风解毒，杀虫止痒。主治疮疡肿毒、牛皮癣等。

日常可在庭院中栽种霸王鞭或作为绿篱，盆栽也可用于装饰家居客厅、阳台等处，有旺宅驱邪的效力。

桃树

养护难度指数：★ ★ ★

- 花语：爱情的俘虏。
- 花寓意：桃符可驱鬼避邪，仙桃则象征健康长寿。

在远古年代的中国，有一个桃有仙根的美丽传说。相传夸父千里逐日时，曾弃杖于野，那手杖化为一片桃林，盘曲三千里之遥而仙气不散。后世的老百姓因为相信这桃木沾了仙灵之气百鬼畏之，故常用它来制符，驱鬼避邪。"千门万户瞳瞳日，总把新桃换旧符"，说的就是桃符在民间的盛行。

仙桃之说在我国历数千载而不衰，我们常见的比如传统年画中主宰人间寿数的南极仙翁手中总是捧着一个大大的仙桃。还有在古代神话当中，王母娘娘的瑶池旁就有一个蟠桃园，园中的桃树，三千年一开花，三千年一结果，每到收获之时，王母就会开蟠桃会宴请众仙，而平常的人，若有幸吃到这珍美的佳果，就可以长生不老。流风所及，民间的百姓庆贺寿宴，也会献上寿桃，即使在没有桃的季节里，也会用面点做成寿桃，以表健康长寿之意。

日常可在庭院中栽种桃树，有很好的旺宅驱邪效力。

花叶菖蒲

养护难度指数：★ ★ ★

■ 花语：信仰者的幸福；我信任你。

■ 花寓意：防疫驱邪。

菖蒲是我国传统文化中可防疫驱邪的灵草，与兰花、水仙、菊花并称为"花草四雅"。菖蒲"不假日色，不资寸土"，"耐苦寒，安淡泊"，生野外则生机盎然，叶色滋润，着厅堂则亭亭玉立，飘逸而俊秀，自古以来深得国人的喜爱。因为具有较高的观赏价值，数千年来，菖蒲一直是我国观赏植物和盆景植物中重要的一种，也是我国传统园林造景中，池、湖沿岸不可或缺的植物。

上古时期的先民对菖蒲十分崇拜，视它为神草。《本草·菖蒲》载曰："典术云：尧时天降精于庭为韭，感百阴之气为菖蒲，故曰：尧韭。方士隐为水剑，因叶形也"。先民们在崇拜的同时，还赋予菖蒲人格化的内涵，把农历四月十四日定为菖蒲的生日，"四月十四，菖蒲生日，修剪根叶，积海水以滋养之，则青翠易生，尤堪清目。"

"五月五，是端午，背个竹篓入山谷。溪边百草香，最香是菖蒲。"江南人家每逢端午时节都有悬菖蒲以祛避邪疫的习俗，几束艾草、几根菖蒲绑成一束，插在房前屋后、挂于窗畔门旁，清香四溢，令人神清气爽，还可驱蚊虫避邪毒。此外，制作朱砂菖蒲酒的民俗也同样广为流传。端午节前几天，买来菖蒲切碎，浸泡于酒坛中，加入朱砂，到端午那天除饮用外，也可用来为家中幼童在额头上画写"王"字，同样有驱害避邪的吉祥含义在内。

菖蒲可作为庭院中的水景植物，也可水培或盆栽用于装饰家居客厅、书房、卧室等处，如有花叶品种则更显时尚气息，都有旺宅驱邪的效力。

龙船花

养护难度指数：★ ★ ★

■ 花语：团结、早生贵子、获得新生。
■ 花寓意：避邪驱魔，祛除病瘟，求得吉祥。

龙船花为茜草科龙船花属常绿小灌木，它株形美观，开花密集，花色丰富，而且花期较长，每年3～12月均可开花，几乎终年有花可赏。

龙船花未开时看起来很像一根根微型的细簪直刺蓝天，开放后四片花瓣平展成一个个十字。在古代，十字图形代表着避邪驱魔、祛除病瘟的咒符，所以每年的端午期间，划龙船的老百姓为了避邪驱魔、祛除病瘟、求得吉祥，就把该花与菖蒲、艾草并插在龙船上，久而久之，该花就得名为"龙船花"了。

龙船花还是缅甸的国花。俗语说：月无百日圆，花无百日红。在缅甸，龙船花却偏偏因为花期较长而得了个吉祥的俗名叫做"百日红"。缅甸的依思特哈族人有一种非常浪漫而有趣的婚俗，亦是取龙船花吉祥避邪的美好祝福之意。他们自古以来临水而居，凡有女儿的人家都会早早地在临近房屋的水面上用竹木筑成一个浮动的小花园，并在里面种满龙船花，然后用绳索将它系住。等到女儿出嫁的那一天，就把她打扮得漂漂亮亮的，然后让她坐在这个浮动的小花园里，最后将绳索砍断，任其顺水而漂流。新郎则一大早就在下游的岸边等待，准备迎接载着新娘漂来的小花园。当小花园漂来时，新郎抓住绳索将它拉上岸，然后牵着新娘一同回家举行婚礼。

日常可在庭院中栽种龙船花或作为绿篱，盆栽也可用于装饰家居客厅、阳台等处，有旺宅驱邪的效力。

灵芝

养护难度指数：★ ★ ★

- 花语：爱情。
- 花寓意：天意、美好、吉祥、宝贵和长寿的象征。

我们通常所熟悉的灵芝，是一味中药。的确，灵芝为多孔菌科植物紫芝或赤芝，多野生于林区腐朽的木桩旁，以全株入药。《神农本草经》中对灵芝有"治胸中结，益心气，补中，增智慧，不忘，久食轻身不老，延年神仙"的功效描述，让它从此得了"太上之药"的美誉，而成为传统中医药宝库中一颗璀璨的明珠。但现在在花市上，也时不时地能见着灵芝的盆栽，大家买回家摆放在居室中却是为了避邪。

灵芝自古以来就有许多雅称和别名，都能说明它别具仙灵与祥瑞之气。因为药效神奇，民间通常俗称其为"仙草"，《白蛇传》中有盗仙草一幕，而白娘子盗采的即为灵芝。上古时期又被称为"瑶草"，因有传说灵芝乃炎帝之季女瑶姬的魂魄所化，"媚而服焉"，服后令人可爱，少女因此可赢得如意郎君的钟爱。《楚辞·九歌·山鬼》中称为"三秀"，"采三秀兮于山间，石磊磊兮葛蔓

蔓。"《尔雅》称为"瑞草",有"芝,瑞草,一岁三华,无根而生。"的记载。秦始皇时代称为"还阳草",东汉张衡的《西京赋》称为"灵草"。

但凡有兴趣对中国传统文化作一番稍加深入研究的人,恐怕都不难发现,灵芝实在是个有灵性之物。在西佛东渐的唐代,便已有了佛手持灵芝如意的习俗,并且这种深远的影响一直流传至今,因而在我国许多古刹寺庙、古建筑、亭台楼阁、古典服饰、传统生活用具以及出土的大量文物中,都能见到有头作灵芝状的如意作为饰物图案。灵芝也是我国古代社会特有的祥瑞之物,被认为是天意、美好、吉祥、宝贵和长寿的象征,并因此被封建统治者视为神物,为历代无数王侯将相所狂热追捧。比如那个暴虐的秦始皇在一统天下后,就曾诏令天下,征得方士千人,以徐福为首浩荡东去入海求仙,他求的"仙"其实就是灵芝;又比如汉武帝,也曾因灵芝代表天意便降旨臣民进贡灵芝;而宋时王安石在《芝阁赋》中,也记载了当朝大臣穷搜远采逼迫民众寻找灵芝的情况。

灵芝盆栽可用于装饰家居客厅、书房等处,有旺宅驱邪的效力。

山茱萸

养护难度指数：★ ★ ★

■ 花语：还礼。

■ 花寓意：辟恶，除鬼魅。

"独在异乡为异客，每逢佳节倍思亲。遥知兄弟登高处，遍插茱萸少一人。"因为这首赫赫有名的古诗，大家对山茱萸应该并不陌生。这种山茱萸科的落叶乔木结出的茱萸果气味香烈，在九月九日前后成熟，色赤红，民俗当中在此日插茱萸，做茱萸囊，以此避邪。《群芳谱》云："九月九日，折茱萸戴首，可辟恶，除鬼魅"。《太平御览》引《杂五行志》说宅旁种茱萸树可"增年益寿，除患病"。《花镜》也说"井侧河边，宜种此树，叶落其中，人饮是水，永无瘟疫"。

重阳节是山茱萸在中国的节日，这一天，按照古老的民间风俗，人们除登高望远、畅饮菊花酒外，还要身插茱萸或佩带茱萸香囊。重阳节与茱萸的关系，最早见于梁人吴均在《续齐谐记》一书中的一则故事：汝南人桓景随费长房学道。一日，费长房对桓景说，九月九那天，你家将有大灾，其破解办法是叫家人各做一个彩色的袋子，里面装上茱萸，缠在臂上，登高山，饮菊酒。九月初九这天，桓景一家人照此而行，傍晚回家一看，果然家中的鸡犬牛羊都已死亡，全家人则因外出而安然无恙，于是茱萸"辟邪"的风俗便流传下来。所谓"九月九日佩茱萸，食蓬饵，饮菊花酒，令人长寿。"九九重阳秋高气爽云淡风轻，人们登高临远游山玩水一畅秋志，又有菊花就酒，茱萸飘香。所以我们的老祖宗给了茱萸一个祥瑞而讨巧的雅称，叫做"辟邪翁"。

山茱萸是异常美丽的庭院树种，然而目前在国内应用还不很多。它的花期在3至5月，一簇簇茂密的黄色小花绽放枝头，四周包围着雪白的花瓣样苞叶，有些苞片呈鲜红或浅粉色，在春天形成庭院中一道抢眼的风景。

日常可在庭院中栽种山茱萸树，有很好的旺宅驱邪效力。

佛肚竹

养护难度指数：★ ★ ★

■ 花语：博爱、乐观、智慧。

■ 守护星座：水瓶座，乐观豁达的小佛肚竹能化解水瓶座的冷淡，增加水瓶座的智慧。

■ 花之星占：可以赋予你心灵的自由，解除身心的束缚。

■ 花寓意：辟邪、驱灾、镇宅。

佛肚竹为禾本科丛生型竹类植物，它最显著的特点是茎节间呈圆柱形，下部略微肿胀，状如佛肚，因此得名佛肚竹。此外，也有叫它罗汉竹、大肚竹或葫芦竹的。

因为有着同佛、罗汉相似的大肚子，每一节都圆嘟嘟的，佛肚竹显得憨态可掬。而它的竹节一节一节续上去，又恰似"叠罗汉"，也恰似一座佛塔。竹节敦厚可爱，犹如佛家的雍容大度，竹叶婆娑秀雅，犹如道家的飘逸出尘，所以在国人眼中，佛肚竹可谓集仙风道骨于一身。

佛肚竹灌木状丛生，姿态秀丽，四季翠绿，缀以山石，观赏效果颇佳，为中式庭院中优秀的造景植物。而且它无论名讳、形象都有幸和佛与罗汉挂上了钩，栽植家中等于有神灵护佑，自然福气多多、吉祥满满，可以辟邪、驱灾、镇宅。

佛肚竹可在庭院中丛植，有很好的旺宅驱邪效力。

金琥 养护难度指数：★★★

如果你是养花新手，见到金琥的模样恐怕会大吃一惊。因为它拥有浑圆碧绿的硕大球体，遍体周身长满钢硬的金黄色锐刺，球体顶部密生一圈金黄色的绒毛，给人的印象极为深刻。

金琥又有别名象牙球或金桶球，原产于墨西哥中部干燥炎热的沙漠地带，是强刺球类仙人掌的代表，也是仙人掌类中最具魅力的一类植物。

号称"仙人球之王"的金琥在民间有着"生金"的祥瑞之意，更有辟邪、镇宅的强大功效。因此，在闽南一带，如果喜迁新居，亲朋好友便通常以金琥相赠，在民间已蔚然成风。

金琥盆栽可用于装饰家居客厅、阳台等处，有旺宅驱邪的效力。

图书在版编目（CIP）数据

吉祥花草 / 陈菲编著. —北京：农村读物出版社，
2012.5

（快乐园艺）

ISBN 978-7-5048-5574-9

Ⅰ．①吉… Ⅱ．①陈… Ⅲ．①观赏园艺 Ⅳ．①S68

中国版本图书馆CIP数据核字（2012）第036940号

感谢踏花行论坛shyu、superrose、秋荷茗香、老成都盖碗茶、香喷喷的小猪、东篱菊黄等花友为本书提供部分图片。

责任编辑 李振卿

出　　版　农村读物出版社（北京市朝阳区农展馆北路2号　100125）

发　　行　新华书店北京发行所

印　　刷　北京三益印刷有限公司

开　　本　710mm×1000mm 1/16

印　　张　8

字　　数　150千

版　　次　2013年1月第1版　2013年1月北京第1次印刷

定　　价　36.00元